U0032084

撥筋

〔美力實踐暢銷版〕

全彩圖解

神奇的撥筋美容&養生法

撥筋天后

蕭采縈——著

目錄

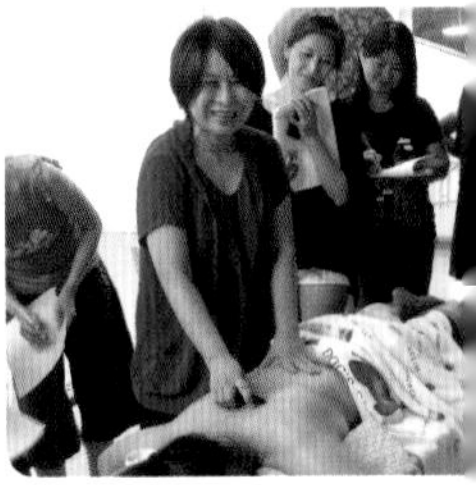

PART 1

認識不一樣的撥筋美容&養生法

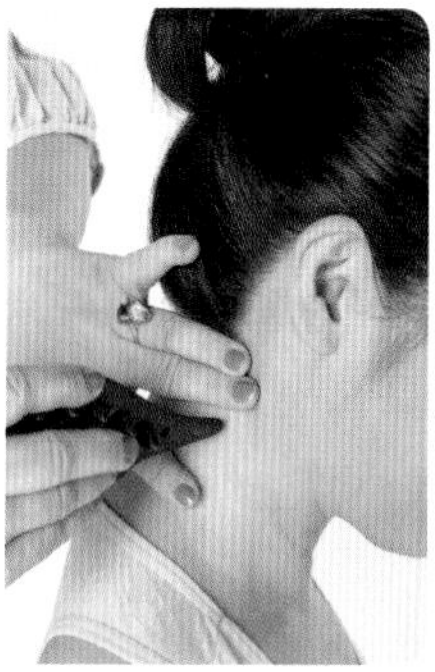

Contents

目錄

Contents 目錄

PART 2 不一樣的撥筋 養髮／養顏／養膚法

造成麵包臉的淋巴水腫
掃我看影片

大臉變小臉的撥筋法
掃我看影片

養髮護髮

養顏護膚

PART 3

不一樣的撥筋 抗老／養身／養心法

讓鼻子暢通，呼吸順暢的撥筋法

掃我看影片

養身益氣

撥筋學員心得——13位撥筋學員的學習歷程、感想與改變

Contents 目錄

推薦序1

見證愛妻蕭采縈的人格魅力

臺北市山癡畫會理事長
台灣港澳台美協主席
臺灣全國美展金龍獎得主
——李沃源

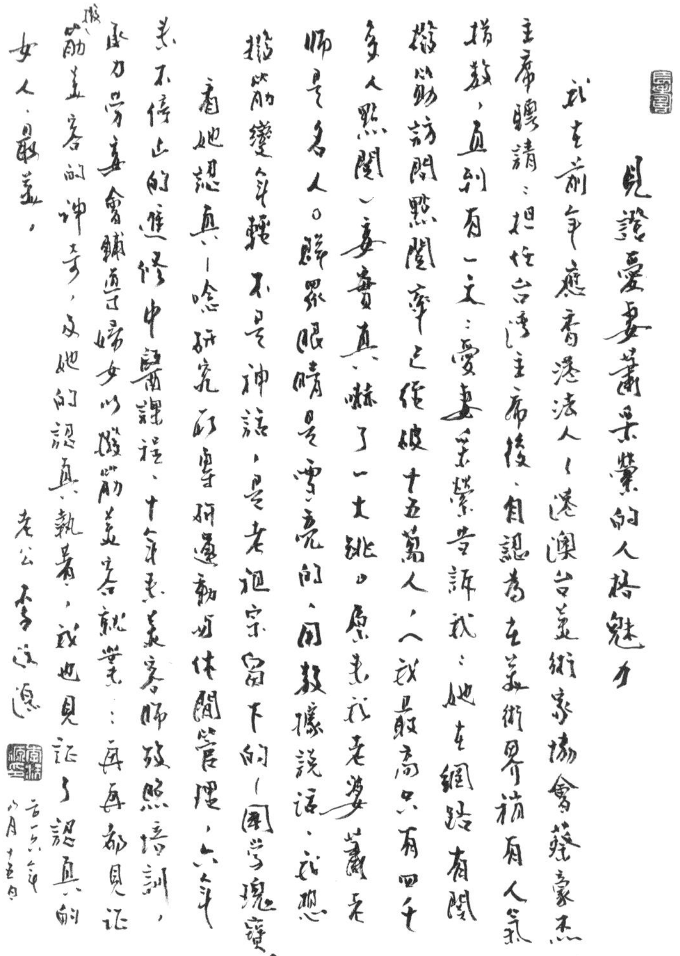

見證愛妻蕭采縈的人格魅力

我在前年應香港港澳台美術家協會蔡豪杰主席聘請，擔任台灣區主席後，自認為在美術界稍有人氣指數，直到有一天，愛妻采縈告訴我：她在網路有關撥筋訪問點閱率已經破十五萬人，而我最高只有四千多人點閱，妻實真嚇了一大跳。原來我老婆蕭老師是名人。群眾眼睛是雪亮的，用數據說話，我想撥筋變年輕不是神話，是老祖宗留下的一個國學瑰寶。

看她認真一心研究研學研通動功休閒管理，六年來不停止的進修中醫課程，十年來美容師攷照培訓，盡力學員會輔導婦女以撥筋美容就業：再再都見證撥筋美容的神奇，及她的認真執著，我也見證了認真的女人，最美。

老公 李沃源

二〇一六年 八月十五日

▲李沃源老師親筆推薦序。

▲李沃源老師的畫作——迎春。

我曾應香港法人——港澳台美術家協會的蔡豪傑主席聘請，擔任台灣主席後，自認為在美術界稍有人氣指數，直到有一天，愛妻采縈告訴我，她的網路點閱率破十四萬人（我最高只有四千多人點閱）時，委實真嚇了一大跳！原來，我的老婆蕭老師竟是一位名人！

群眾眼睛是雪亮的，用數據說話，我想「撥筋變年輕」不是神話，是老祖宗留下的國學瑰寶。

看她的認真，唸研究所專研運動與休閒管理，六年來不停止地進修中醫課程，十年來致力於國家美容師的考執照培訓，承辦勞委會的職訓課程，輔導婦女以撥筋美容就業，在在見證了撥筋美容的神奇，及她的認真執著。

我也見證了認真的女人，最美！

推薦序2

人法自然與古老中醫深奧哲理之保健物理療法

廣田生技股份有限公司董事長
湖北中醫學院畢、中醫老師 ——李溪泉

蕭老師用一些簡單有效的方法和原理，而不是複雜無臨床經驗的說教，越是簡單有效，越是有深度和容易接受。

本書簡單、易懂、有效的按摩撥筋方法和原理，是本書作者高智慧和成功之處，在臺灣教導出無數成功的美容專業人才和優良撥筋術講師，德國、比利時、日本、韓國、美國、新加坡等外國友人很多都跨海來學習蕭老師撥筋術和古老中醫經絡深奧妙理和高深莫測哲理，蕭老師用中西現代醫美概念，透過淺顯易懂的思維邏輯，輕鬆簡易的筆調，將長期實際臨床經驗的驗證加以文字化，以傳授、闡揚撥筋術的美容保健技術和實效，它具有獨特而神祕的東方特色，手握獨特專利撥筋棒，可起立竿見影效果。

中醫經絡療法是世界上最神祕的醫學之一，不僅要熟習中醫傳統醫學理論，且須具有豐富的中醫知識和累積長期臨床經驗及實踐，為初學者從理論走向實踐提供了一條行之有效的新途徑，讀者可以在較短時間內應用臨床學習操作手法，不須吃藥、沒有侵入性、獨特物理療法臨床通過按、推、撥、滾、捏、揉等各種手法作用於體表部位，當經絡不通、病生於不仁，治之以按摩撥筋。宣通氣血、解痙止痛、活血化瘀，用手技和特殊工具按揉全身、臉部皮膚，周身穴位受到刺激促進血液循環、達到肌膚機能美容效果，是世界上最古老的一種醫療保健的物理療法，可「開達抑過」，具有簡單、安全、療效佳的特點！

作者對美容和中醫的深入造詣，對專業的執著熱愛和追求，值得讚許的，凡讀過此書者應該有所感、有所得，蕭老師在系列電視節目，闡述美容與中醫經絡穴位臨床經驗，得到廣大觀眾熱愛，精采的演講和教學，今以書的形式呈現在讀者面前，經絡撥筋保健手法操作，可從頭、面、眼、肩、頸、胸腹背四肢，提臀與曲線雕塑，心肺保健，胸部保健皆有奇妙神效。

蕭老師桃李滿天下，學員學習撥筋術，從基礎班、創業密訓到講師班各個獨當一面和開講座傳承。她秉承愛心和心願，很用心地貢獻長久臨床豐富經驗和對古老中醫深奧哲理的人法自然療法，具有很高智慧和體悟，把按摩撥筋術發揚傳授，造福人群，健康美麗、燦爛成功。

推薦序3

從現在起，將自信與美麗掌握在自己手中

知名影歌雙棲藝人——邱凱偉 DARREN

我想大多數的男孩子應該都認為做臉、敷面膜、塗塗抹抹、細心保養等感覺是女孩子才會做的事，直到有一天，當我發現臉部漸漸失去光澤和水分，甚至呈現黯淡和斑點，才開始認真看待此事，並尋求改善的方法。因為工作環境的關係，身邊總是充斥著愛美的朋友，藉此也得到了許多經驗分享，而我也就漸漸有了臉部保養的觀念。

起初，我是先針對自己的膚況進行基本的臉部清潔保養，如去角質、清除粉刺以及敷臉來維持肌膚的水潤透亮，這樣的保養方式持續了許多年後，其實感受到的膚況改善是有限的。直到接觸蕭老師的「撥筋美容」之後，逐漸發現原來每個人的臉部跟身體一樣，透過這樣由內而外的撥筋技法，漸漸改善臉部的氣血脈絡，再輔以原先的保養流程，皮膚狀況也漸獲明顯改善。

透過這本書，蕭老師將她結合中醫經絡穴位所推廣的「撥筋美容」技法，逐一針對我們所關心的肌膚問題，不藏私地重點條列出，讓我們可以隨時隨地自行操作輕鬆簡單的「撥筋美容」保養技法，讓自信與美麗掌握在自己的手上，從現在開始一點也不嫌晚！

推薦序 4

學習撥筋，自我保健不求人

復健專科醫師
徐上德復健科診所院長
中華醫事大學調理保健系助理教授 ——徐上德

我從事復健工作數十年，發現許多人因為日常生活中的動作不注意或不小心，以致傷筋動骨後，沒有妥善護理保養而演變成陳年老症，若人人都能學習基本的傷筋護理技巧，相信對自我保健會更有幫助。

采縈老師曾經跟隨我學習經絡推拿的技術，學習過程中，我發現她非常認真在鑽研中醫學理，也很用心重複練習每個推拿的動作，如今她可以將所學的推拿技巧與美容、養生結合，甚至發揚光大，我也深感與有榮焉，畢竟中醫學理及推拿技術並不是很容易學會的，采縈老師不僅學會了，還進一步融會貫通，著實有其過人之處，其決心及毅力令我深感佩服。

中醫是一門很玄妙的醫學，老祖宗的經絡、穴道論述竟然與西方醫學中的解剖學相應和，例如膽經經過頭部的位置及與顱骨的鱗狀縫隙相差不多，按摩膽經可以幫助減輕顱部腦內壓力、消除頭昏腦脹的症狀等。采縈老師推廣的撥筋法不緊充分發揮中醫理論，也應證了西醫主張，並使用柔和的美容技法，在操作結束後通常就可以得到明顯的效果，不但可解決許多疼痛問題，也是居家保健的良方！

推薦序5

漫漫紅塵風雨路 采縈經絡撥筋保健術

新加坡更生美術研究會名譽會長
港澳台文化藝術聯盟新加坡辦事處代表
——陳玉庭
Christina Chen

▲本篇序作者繪畫的情形。

王國維的人間詞話有云：「古今之成大事業、大學問者，必經過三種之境界。」

「昨夜西風凋碧樹。獨上高樓，望盡天涯路。」此乃第一境界也。這一境界唯有居高臨下高瞻遠方立志決心，只有具備了這個條件才會有第二、第三境界。

「衣帶漸寬終不悔，為伊消得人憔悴。」此乃第二境界也。人生儘管遇到各式各樣的困難，為了理念前程，還是要堅持奮鬥繼續前進。這個世界沒有平坦大道，要敢於創新也要耐心地等待機遇，正如存在主義所說：「存在先於本質」。這是執著奮鬥的基本精神和態度。

「眾裡尋他千百度，驀然回首，那人卻在，燈火闌珊處。」此乃第三境界也。第三境界是指在經過周折磨練之後，就會逐漸成熟能豁然領悟貫通，就好比花若盛開蝶自來，機會永遠是給準備好的人，這不只是學術研究或藝術創造，實際上就是對人生奮鬥歷程的綜述與總括。

采縈是鑽研老祖宗中醫經絡撥筋應用於美容養生再經過改良，透過美容柔和的方式，並搭配機能性強的保養品，結合肌肉組織學、淋巴學，再依照中醫十二經絡的原理，讓五臟六腑的循環氣血通暢，達到百病不侵，無病又可美容養身、延緩老化的目的。而今她的堅持與研究及臨床撥經術的推廣不只是在台灣、中國、新加坡、美國及加拿大……，甚至已享譽國際、馳名海內外！

采縈在職場奮鬥多年，也看盡人間冷暖，洞悉喜、怒、哀、樂、悲歡、離合的世間，漫漫紅塵人生如戲彷如夢，風雨飄搖裡幾度陰晴圓缺。以她對生活的領悟，以及「受人點水之恩，必當湧泉相報」之「取於斯，用於斯」的慈悲心，加之采縈學無止境奮鬥的歷程，足以為當今社會的正能量好榜樣，無論走過的道路是辛苦，在人生的最高境界裡她是無憾的！

推薦序 6

親身體驗過才知道的健康舒暢

聯合國世界退伍軍人協會亞洲區主席
中華民國退伍軍人協會理事長
——高仲源

采縈是我的乾女兒，當初她的夫婿李沃源是我轄下的中校參謀，有一天沃源告訴我，他要結婚了，希望我當他們小倆口的證婚人，沒想到一晃眼，20多年過去了，如今，沃源已成為著名的國畫家，采縈也在美容保養的領域發展出一片天地，現在竟然還成為撥筋界的天后。

一直以來，我都以為「撥筋」是在幫女性美容的，跟一般的美容保養一樣，就是在臉上塗塗抹抹一番，然後拿根棒子在臉上比畫……，堂堂男子漢，要健康、要鍛鍊身體，就應該去打球、跑步，靠工作、運動流汗才夠陽剛，所以我一直沒想過要撥筋，直到采縈堅持要我體驗看看撥筋的感覺，我才與太太一起嘗試。

剛開始，筋絡被撥開的疼痛感連我這個身經百戰的人都忍不住會縮一下，但疼痛過後是放鬆的感覺，長年緊繃的肌肉感覺整個舒緩了。

從來沒想過原來撥筋不僅止於臉部的美容，身體、四肢也都可以撥筋，可以說，全身上下都可以利用撥筋來讓自己健康、美麗；而且撥完筋後，原本覺得痠痛的部位會感覺變輕鬆，不再緊繃僵硬！

撥完筋，起身下美容床時，首先感覺到起身動作可以一氣呵成，接著是腳部變輕盈了，渾身上下有一股無法言喻的舒暢感，就像是一口氣連續打了十八洞的高爾夫球，卻又沒有運動後的疲累感。其實我已經好幾年沒打高爾夫球了，沒想到一場撥筋就把徹底運動過後的舒暢感帶回來了！原來撥筋對身體保健真的是有效！

推薦序7

撥筋，是活化生命細胞的最理想方式

國際傑人會中華民國總會2016年總會長
台灣原住民國際藝文產經交流協會理事長——張琇雅

我從事美容工作將近20年，這是一個需要不斷學習與精進的領域，每隔一段時間就會有新的美容產品、新的美容技術出現，永遠都學習不完！有時候，我也不禁懷疑，究竟有沒有哪一種美容知識或技術是歷久不衰、始終存在的？其實，真的有，那就是老祖先的智慧——撥筋保健。

我與蕭老師的夫婿李沃源先生都是傑人會的會員，透過李沃源大師而得以認識當時正在積極推廣撥筋保健的蕭老師，並親炙撥筋的神奇與美妙。

其實，早在蕭老師為我示範撥筋技巧時，我早已體驗過撥筋的神奇，是一位正在學習撥筋的好朋友幫我做的臉部撥筋，當她建議我嘗試看看時，我很疑惑，這麼老掉牙的方式能有多大的效果？！沒想到，撥完筋當下的感覺就是「好神奇，竟然只要這樣撥一撥，眼角、嘴角、臉頰肉就往上提了！」這是多少女性夢寐以求的效果啊！

認識蕭老師後，有幸再次體驗「專業級」撥筋的奧妙，又是一次震撼，專業果然不同凡響，美容的效果更明顯持久，更棒的是，這種美容保健方式簡單天然，我自己也可以做！

我是個很重視養生的人，不僅注重飲食均衡、睡眠品質，也相當喜歡運動，而這種撥筋保健的方式對我來說容易實行又簡單有效，尤其在忙碌一整天之後，我很喜歡趁著坐在電視機前放鬆時，拿支撥筋棒幫自己撥一撥頭部、眉骨、額骨、眼角、眼下、頷下等，推開積壓一日的疲憊與氣結，做完真的可以感覺身體放鬆了，隔天起床整個人都容光煥發。對我來說，撥筋就是在活化生命細胞，未來我還會繼續利用老祖先的這項智慧幫自己美容、養生、保健。

▲作者（圖左）與張琇雅會長（知名影星徐若瑄的母親）的合照。

推薦序 8

賦予傳統新面貌，開啟世界大門

臺北城市科技大學休閒事業系主任
暨休閒事業系研究所所長 ——陳寅全

練習健身二十多年，對於運動可能對身體造成的傷害，我非常了解，一點小傷都可能會造成日後嚴重的不適，如果能有一套完善且可以自行操作的有效保健方式，對於許多運動愛好者來說，是非常好的消息。

蕭老師就讀臺北城市科技大學休閒事業研究所時，提出經絡撥筋的研究課題時，確實令我眼睛一亮，她以專業的科學數據說明了傳統的撥筋法可以達到的保健效果。完整的手法技巧結合了美容專業，再加上設計良好的撥筋工具，也非常符合系所的目標——休閒事業的發展。

傳統的技術透過新穎的行銷概念，導入適當的工具，也能創造出新的事業體系，期待蕭老師將傳統技術發揚光大，推廣到世界各地。

推薦序9

推己及人，惠人以釣竿

臺北城市科技大學行銷
與流通管理系副教授　——黃道心

蕭老師是一位勇敢堅強又有愛心的好老師，受到眾多人的愛戴！

「三折肱而成良醫」，說明人可以藉由自身切膚之痛的體驗，學習如何有效的治療身體的病痛。長期的病痛與努力學習，使蕭老師開拓了撥筋領域的實務應用，並於職訓局、社區大學及（協會）授課，不藏私的授課，幫助很多學員於學成之後，藉由撥筋技能而獨立開業，幫助許多原本無良好職業的人們實現經濟自主，藉由學員撥筋技能的服務據點設立，造福更廣大的人群。

這是蕭老師出版的第二本撥筋書籍，其中延續了第一本書的實務與理論相輔相成的解說特質，蕭老師具有博愛的人格特質，發揮傳說中的神農氏嚐百草而造福後人的作法，在第二本撥筋書籍中，不囿於臉部美容，也與大家分享了身體部位與中醫養生的概念。

蕭老師常帶領學員至養老院等慈善機構進行義診服務，而其樂於提供有如釣魚竿的撥筋技能，幫助社會弱勢者實質的經濟獨立，促進社會安定祥和的精神更令人佩服。

知悉蕭老師出版第二本撥筋書籍，愚雖駑鈍，仍殫精竭慮，期望能獻上個人對其博愛情懷的感佩之心與祝福之忱。

推薦序10

現代經絡撥筋——讓年輕健康不再遙不可及

成都中醫藥大學教授——熊大經

愛美之心人皆有之，人之所謂美者，皆在於頭面體型，皮膚白皙、肌肉緊縮、白如凝脂、紅如粉桃，乃臟腑健旺、氣血通達，身心康健之外在表現。

頭面乃人體經絡氣血循行交會的要衝，諸陽知會皆在於面，六腑青陽之氣、五臟精華之血皆上注於面，頭面乃多氣、多血脂府。經絡暢通，氣血充沛，容顏紅潤，如縞裹珠，目中有神，如潭藏月，華髮秀美，如絲錦緞；反之，則容顏萎黃，目中無神，毛髮枯焦。但以護膚美容之品養顏，無異於華其外而悴其內，皮之不存，毛將焉附。故容顏乃經絡暢通、氣血充沛，臟腑健旺之外在表現。人體生理、心理之康健全寫在臉上，臉是人體對外交流之一張名片，俗語謂：「容顏姣好，交流易，容顏衰墮，交流難。」

經絡乃氣血運行之通道，氣血充沛，經絡通暢，頭面容顏得養而白皙紅潤。隨著年齡增長，經絡欠通，氣血漸衰，頭面容顏失於濡養，而面目焦墮，肉萎色黃。《素問‧上古天真論》：「五七陽明脈衰，面始焦，發始墮。六七三陽脈衰於上，面皆焦，發使白。」

養顏防衰，方法多矣，有飲食的、有起居的、有美容的，亦有導引地等。心情愉悅，起居有常，飲食有節，形勞而不倦，氣從以順，各從其欲，皆得所願。氣血通暢，乃養顏之根本，有養顏莫若養心之說。故若情志不遂，肝失調達，經絡不通，氣血瘀滯，容顏失養，氣血凝滯，結聚頭面頷頸，成小結塊，可能就是本書中所說的「筋結」吧。此乃經絡欠通結，氣血痰濁凝滯，聚於局部矣。

蕭采縈女士致力於推廣經絡美容，融合諸多名家手法，循經選取不同之穴位，通過放射狀划撥、深壓結塊等不同手法，撥彈不通之經絡，使集聚之氣血暢達、結塊之筋結得散、下墜之肌肉緊縮，而達到養顏美容之目的，其方法簡便，亦可在家自己操做，可益氣通絡，順氣排毒。

推薦序11

老祖宗的傳統智慧變身為健康新亮點

中國文化大學體育
運動健康學院院長——蘇俊賢

2016年的里約夏季奧林匹克運動會讓人驚訝連連，其中和中華民族最相關的有二，其一是美國游泳選手、四屆奧運23面金牌得主——飛魚——麥可・佛瑞德・費爾普斯二世（Michael Fred Phelps II）身上拔罐的痕跡成為外媒（包括TimeWorld Street Journal、Vox、Business Insider、NBC等）討論的焦點，其中NBC解釋，「拔罐」是運動員將「罐」附在皮膚上，藉由泵產生吸力，有助於解決肌肉痠痛的問題。然中國傳統醫學博大精深，選手拔罐必須要根據中醫理論施術，訓練環境帶給選手的身體效應，可為溼氣重或暑氣重，其醫理各異。

另外，韓國女子射箭隊第八次奪得奧運會女子團體冠軍，韓國女子射箭隊教練說：「拿好筷子就好！」他認為韓國人使用筷子，的確有特殊的手部技巧，對射箭有益。從奧運射箭比賽成果來看，同樣使用筷子的中國隊和其他亞洲隊伍，也是射箭場上的常勝軍。

從運動科學的觀點來看里約奧運有趣的兩個熱門議題，對於訓練引起的肌肉酸痛機理有幾種看法：肌肉代謝物堆積對神經末梢有刺激作用，或代謝物引起水腫、肌肉組織供血不足導致局部缺血、肌肉組織本身的傷害、肌肉痙攣等。

射箭是一種運動技能，是必須透過學習而獲得的運動行為，筷子的使用也必須透過學習，而非先天固有的能力。運動技能是複雜、鏈鎖、本體感受的運動性條件反射，飲食文化中的筷子使用文化提供了相對運動技術學習過程中精細階段的重要訊息。無論拔罐或筷子都是中華固有的生活文化，是老祖宗生活智慧的結晶，人體健康以五行經絡臟腑學說勾勒中醫養生理論。

蕭老師十幾年來，擔任台北市美容健康暨兩岸交流協會會長，致力於推廣美容健康理念，服務社區民眾，嘉惠數以萬計的學員，享譽中外。繼前作後，再度出版新作，**遵循老祖宗的養生理論，佐以專利紅外線陶磁撥筋美容工具，貫通三十年實務經驗與學習，將傳統健身療法變身為今日火紅全人健康新亮點。**

不向病魔低頭，長達15年遍尋良醫解方

在我二十五歲到三十四歲之間，我因為歌唱生涯，確實為家人改善了生活環境，但是我的身體卻一直沒有好轉過！

因為天生體質不好的關係，從小到大，我總是體弱多病，幼兒時期因為水進入耳內，引起發炎，以致一耳失聰、內耳不平衡，有暈眩、地中海貧血、甲狀腺機能亢進等健康問題。

記得在很小的時候，我便有暈眩的毛病。幼時，家裡環境不好，其實是沒有錢可以看病的。有一次，我又頭暈，人很不舒服，爸爸把我揹在背上，往醫院的路上走。我們走到一半時，爸爸問我：「有沒有好一點？」我說：「有。」他說：「如果有好一點，我們就不要去醫院了。」我便說：「好。」這是貧窮人家的無奈。

請試著想想看！一個人從小到大，飽受內耳不平衡、地中海貧血、甲狀腺機能亢進和長期失眠交相困擾的心情，甚至因此直接、間接引發全身長期痠痛僵硬，影響所及，生活品質是如何地糟糕？

一個人可以一餐不吃，可是不能一覺不睡。因為長期失眠、頭痛的關係，每天吞頭痛藥是家常便飯，嚴重時甚至一次吞到4、5顆，期間也到各大醫院檢查、去復健科復健，拿了一大堆鎮定劑、安眠藥、鬆弛劑，卻不見任何改善。加上年輕時因為長了很多青春痘，誤用了許多不良及含汞成分的美容產品，以致臉部出現黑皮症。整個健康狀態可謂裡外交相煎。

感謝老天爺，感謝我的父母親，賜給我一顆對生活充滿著勇氣、熱情和好奇的心。是這些天賦特質，讓我即使身體大小病痛不斷，依然勇於追尋和探索生活的意義，不放棄任何可以讓健康好轉的契機。

我在三十四歲時，不斷思索著人生的意義。十幾年的歌唱工作收入，確實改善了家庭環境，但終究不是永久性的工作。那麼，什麼才是我喜歡做的事呢？就是美容！很幸運地，此時，我遇到了美容啟蒙老師——陳三春老師，他開啟了我對美容的熱愛與期許！

跟隨陳老師學習一年後，老師介紹我去上國防醫學院謝敬山教授的生理醫學美容課程，學習細胞學、生育學、皮膚學、營養學、皮膚病變辨症等，不僅治好了我的黑皮症，也讓我對美容醫學產生了更大的興趣，毅然決然拋下歌唱事業，專研美容。

從歌唱生涯轉換跑道，學習美容開始，至今二十幾年來，我從未停止學習。喜歡嘗試新事物的我，只要與美容、養生醫學有關的知識和課程，我都會竭盡所能地投入學習、研究；也因此，我嘗試過各式各樣的治療，從中醫推拿、針灸、中藥、西藥、民俗療法，不僅費時花錢，對身體的改善也都有限。如何才能確實有效地增進健康呢？我迫切地想要讓自己變得更健康。

由於我從事美容工作，所以常常在想，究竟有什麼方法，能夠在美容、做臉、保養身體的過程中，也一併改善我那令人煩心的健康狀態，也可以幫助其他人解決痠疼問題（如失眠、長期頭痛、偏頭痛、鼻塞、眼睛酸澀流淚、眼花、肩頸僵硬、耳鳴、暈眩等）。

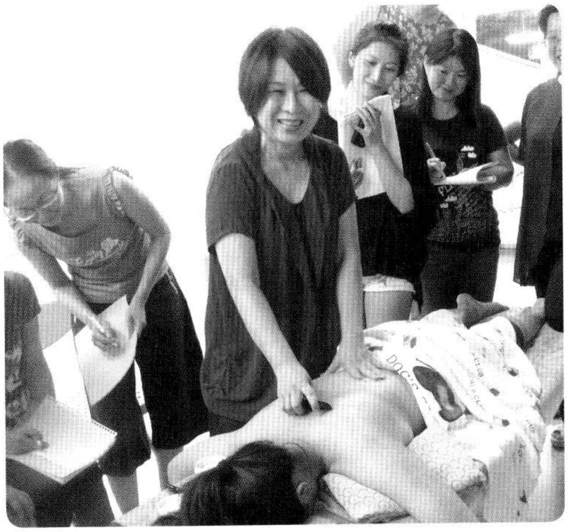

▶想讓自己健康又美麗是我持續不斷學習的原動力。

助己也助人

「讓自己變健康，也幫助別人健康」的發心是我人生重要的里程碑，助己也助人的一個美好起點。基於這樣的心願，在十多年前，一次在社區大學教課時，與學生們討論學期成果展，互相激盪出「頭皮SPA成果展」的想法，開始與撥筋療程結下因緣。

「撥筋」是以中醫理論為基礎，用疏通經絡原理，從點線面，由內而外的方式，改善身體的各個問題。

我開始對中醫產生興趣，曾經與楊錦華中醫師學習中醫保健理論、與陽明醫學院的徐上德醫師學習推拿與經絡、與中國刮痧拔罐協會理事長學習民俗療法，目前尚與教中醫藥草學的李溪泉老師學習中藥草養身保健課程等等。

直到現在，我認為，能夠消除身體痠痛與兼具美容保健養生之最自然、最有效的方法，還是這套老祖宗傳承下來的經絡撥筋保健術。

我現在教授的經絡撥筋術，就是依照老祖宗放筋路的原理，再經過改良，透過美容柔和的方式，並搭配機能性強的保養品，結合肌肉組織學、淋巴學，再依照中醫十二經絡的原理，讓五臟六腑的循環氣血通暢，達到百病不侵，無病又可美容養身、延緩老化的目的。

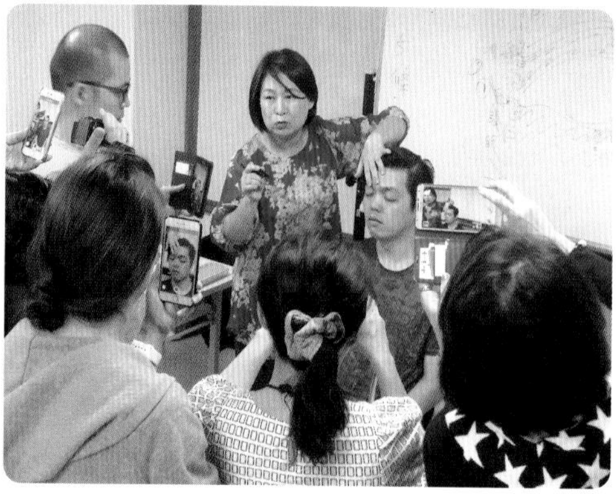

◀現代撥筋術依中醫原理，結合美容手法，為兼具美容養身自然有效之法。

出版此書的動心起念與期許

受人點水之恩，必當湧泉相報。

如前所述，我幼時家裡清貧，及長、有能力後，便想回報一二。記得小學時，住在臥龍街附近，社會局時常來訪視，也曾有記者寫了我們家境的報導，一位仁慈的太太知道後，帶了好多舊衣服、食物，坐著三輪車送到我們家。

對於貧窮人家，這樣的善舉多麼深刻和溫暖，點點滴滴在心頭。長大後有能力幫助人，回饋社會是自然而然、發自內心的事。這些年來，只要有機會，我也努力將自己所學分享給所有的人。

如同撥筋按摩對人體的助益，我和學生們就曾在淡水八里的養老院，幫老先生、老太太按摩時，在他們的臉上、在我們的心裡，同時感受並散發著微笑和溫暖。那是一件多麼快樂的事！

我的第二本撥筋書不同於第一本書之處，在於不囿於臉部美容，還與大家分享了身體部位與中醫養生的概念，在出書的過程中，也常常請教恩師李溪泉老師。非常感謝李老師的指正，在此銘記在心。

▶作者在淡水八里養老院幫長者撥筋。

「自己的身體是一個很好學習的老師」，健康出問題，往往與個人的先天體質及後天不良的生活習慣、飲食、情緒、工作壓力、個性等有很大的關係。尤其人到中年後，所希冀的除了安逸的生活外，就是健康、快樂、長壽。透過撥筋，我找回自己的健康，再度執筆出版這本撥筋美容養生的書籍，也就是希望能把健康、正確、美麗的知識和方法與大家分享！

很高興能和讀者結下這個美好的緣分，我的內心是多麼地喜悅。並祝福大家平安健康，喜樂常存。

Part 1

認識不一樣的
撥筋美容&養生法

撥筋美容養生法就是以中醫經絡學為主要的理論基礎，依循人體的經絡路徑與淋巴走向、肌肉紋理，運用撥動的方式來刺激穴位、放鬆緊繃的肌肉、疏通經脈、調節氣血，並透過神經反射協調臟腑、潤澤皮毛，進而得到滋養氣血、增進新陳代謝的效果，並藉此達到身體保健、延緩老化、皮膚美化的作用。

認識老祖宗
中醫經絡撥筋養生法

鑽研老祖宗中醫經絡撥筋應用於美容養生得到很大成效而致力積極推廣

撥筋術究竟是什麼？其實是一套更深層、更有效的按摩方式。

撥筋是以符合人體工學設計的工具，深入肌肉筋膜組織周圍有產生氣阻與筋膜沾黏的地方，再循行經脈穴道，做最有效的經絡撥筋、疏通穴道按摩。撥筋術確是一種自然不傷身的自我保健方法。

以中醫的觀點來說，人體有十二條主要經脈與奇經八脈。十二經脈主管五臟六腑運作以及氣血，乃至各組織氣血在體內的整合輸送；奇經八脈中又以督脈、任脈是補充十二經脈運行的不足。這些經脈幫助水分和各種養分在身體裡循環運行，達到身體功能的平衡與穩定。

經脈上分布著數量不等的氣穴，也就是一般稱之為穴道、穴位的地方。氣穴就像身體裡的一個個小窗戶，它們在接近肌肉表層的地方，負責為體內、體外的氣體水分和養分做適當的交換。如果外界有不好的病氣入侵，必定先從氣穴開始，而身體裡的各種物質無法順利代謝時，也會先囤積在氣穴，久而久之，便形成小團、小團的球狀物，我們稱之為「氣阻」、「筋結」。

以撥筋按摩方式活絡氣穴，幫助清除病氣，避免病氣深入身體

內部，造成病因，也能夠清除體內各種鬱滯，幫助氣血在經絡中達到有效的運行。

傳統中醫始終認為人體內存在著一套運行氣血的經絡系統，其不似西醫定義的呼吸、消化、內分泌等系統，擁有明確特定的組織結構，中醫所謂的經絡是一個遍布全身的綿密網路，也是溝通皮膚和臟腑的聯繫路徑。

《內經・難經》記載：「經絡可以決死生、處百病、調虛實。」《靈柩本臟論》：「經絡者，所以行血氣，營陰陽，濡筋骨，利關節也。」人體中的經絡系統可聯繫體表、溝通內臟，亦即人體體表之間、內臟之間、內臟與體表之間，皆是透過經絡系統來聯繫，將人體構成一個有機整體。

人體皮膚與臟腑、經絡、氣血密不可分，氣血不足時，經絡運行必然不順暢，臟腑功能遞減，無論臉色或皮膚都會變得蒼白無華，甚至出現毛髮枯竭、皺紋叢生等問題，嚴重者，甚至會影響相貌美醜。

經絡不通會影響健康、引發疾病

「經絡」之說是重要的中醫基礎理論之一，與陰陽、五行、營衛、氣血、臟腑等共同構成了完整的中醫理論。《靈樞經脈篇》中即提及根據經脈，能夠診斷疾病預後的好壞，處理許許多多疾病，調整疾病的偏虛和偏實。

根據中醫經絡學，人體有十四條正經，皆上行於頭部及臉部，許多人因為臟腑代謝失調，經絡氣血無法上達頭部及臉部，以致皮膚黯沉，斑、痘、老化、皺紋等問題叢生。

「經絡」介紹

人體經絡包括十二經脈（正脈）、奇經八脈（奇經）、十二經別、十二經絡、十五絡脈（十五別絡）及很多絡脈、孫絡。其中，十二經脈加上任督二脈集合成十四正經。

十二經脈環繞全身，有一定的走向，十二經筋所經過的肌肉，與筋膜互相聯繫的部分則簡稱「經筋」，而經絡撥筋養生美容術所撥動的即是「十二經筋」與「十二經脈」。

十四正脈

十二經脈

手三陽經
- ▶走向：一律從手走頭
- ▶手陽明大腸經、手少陽三焦經、手太陽小腸經

手三陰經
- ▶走向：一律從胸走手
- ▶手太陰肺經、手厥陰心包經、手少陰心經

足三陽經
- ▶走向：一律從頭走足
- ▶足陽明胃經、足太陽膀胱經、足少陽膽經

足三陰經
- ▶走向：一律從足走胸腹
- ▶足太陰脾經、足厥陰肝經、足少陰腎經

＋ 任脈、督脈

氣血如要上達頭部及臉部必須經過頸部，然而，如果頸部肌肉群，如胸鎖乳突肌（頸部肌肉中最大、最粗的一條肌肉，負責頭頸轉向運動，左右各一條）、斜方肌（連接肩胛骨和鎖骨，將頭部和肩部向後拉的背部肌肉）及頸總動脈沿線經脈出現硬塊、腫脹，或頸椎動脈、頸椎韌帶發生氣阻與筋結，就會阻礙氣血上行，致使頭部及臉部無法獲得充分的血液與營養供應，氧氣供給不足，自然偏頭痛、皮膚黯沉、皺紋、老化、五官機能退化等問題都會陸續發生；再者，頸部經脈若有腫脹、硬塊也會影響靜脈血液、淋巴的回流，影響耳內半規管的平衡功能，引發暈眩。

中醫的辨證醫學認為人體中五臟六腑的狀態與三焦辨症皆會反應在臉上，臉就像是內臟的一面鏡子。而透過中醫經絡學，可從臉部的皮膚紋理、肌肉凹陷、腫脹及青春痘、斑點色素分布等來了解內臟的問題，也就是說，從臉部的氣色變化及對五官的觀察，可以測知一個人臟腑經絡氣血的盛衰。

胸鎖乳突肌、斜方肌及頸總動脈的位置

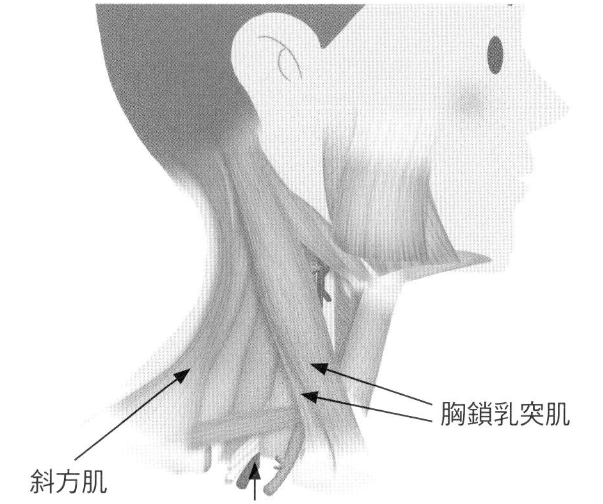

十二經絡運行次序的生理時鐘

十二經脈是人體氣血運行的主要通道，氣血在十二經脈內流動不息、循環灌注，從「**手太陰肺經**」發始，依次流至「**足厥陰肝經**」，最後再回流至「**手太陰肺經**」，構成了一個互相連接的循行系統。

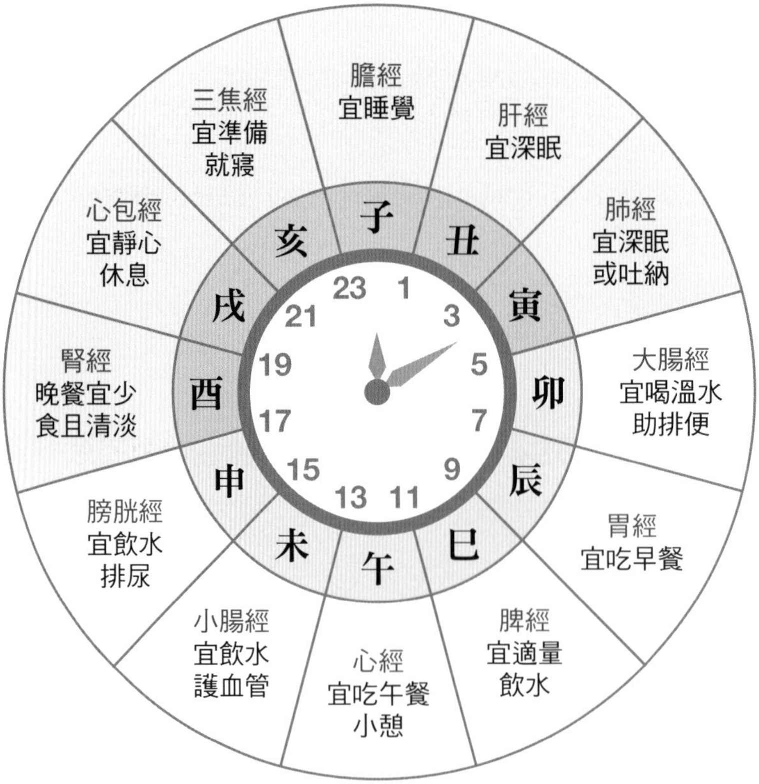

▲十二經脈的循行路徑

（續下頁說明）

循行經脈	時間	生理表現	自我保養
手太陰 肺經	3～5點	★深度睡眠時段。腎上腺分泌最少，體溫低、血壓低。 ★肺部進行氣體排毒的工作。 ★骨髓完成造血。	★平日宜多吃白色的食物，如蘿蔔、蘑菇、百合等，保養肺臟。 ★運動出汗、熱水澡或做深呼吸都可幫助肺臟排毒。
手陽明 大腸經	5～7點	★大腸進行排毒工作。 ★血壓、心跳加快，大腸蠕動加速，是排便最佳時機。	★睡醒起床前，躺在床上做足部運動，腳掌向左右旋轉及腳趾向下用力彎各10下，並伸展全身。 ★起身後，空腹喝1杯溫熱水。
足陽明 胃經	7～9點	★為後天之本，是所有營養、細胞氣血的來源。	★睡醒先在床上伸展身體後再起床。 ★此時胃部吸收狀態最佳，適合吃富含蛋白質的早餐。 ★每日健走30分鐘、伸展15分鐘。
足太陰 脾經	9～11點	★運化水穀精微。 ★幫助胃部分解食物，運送營養至全身。 ★大腦活力旺盛，適宜工作。	★餐前1小時吃水果。 
手少陰 心經	11～13點	★主神明及血脈的君主之官。 ★血液循環加速。 ★血壓偏高，心跳較快。	★午餐宜七分飽。 ★餐後1小時宜休息，避免劇烈運動。
手太陽 小腸經	13～15點	★小腸開始進行清濁、吸收，將營養輸送到血液中、殘渣推入大腸、液體送至膀胱。 ★血液變得濃稠。	★喝1杯開水或茶，稀釋血液濃度，保護血管。 

循行經脈	時間	生理表現	自我保養
足太陽 膀胱經	15～17點	★新陳代謝的高峰期。 ★能儲藏精液，具蒸化作用。	★宜多補充水分，幫助膀胱排除廢物，促進泌尿系統代謝。
足少陰 腎經	17～19點	★代謝力下降，進入儲藏營養的時段。 ★腎為精氣儲藏室，生骨髓、主掌技巧與聰明智慧。	★喝1杯水，幫助腎臟排毒。 ★晚餐宜清淡、多吃蛋白質食物，幫助製造荷爾蒙、酵素、抗體。 ★飯後1杯水果醋，幫助代謝。
手厥陰 心包經	19～21點	★為心之外衛，代行君主之命。 ★一天當中，這時候心情最放鬆時，可做些讓心情愉悅的活動，如閱讀、聽音樂等。	★活動節奏放慢，飯後適合散步。散步回來以後，喝1杯水或茶，幫助血管保持通暢。 ★洗澡用冷熱水交替淋浴1分鐘，共3次，以促進血液循環、快速排毒、增加血管彈性。
手少陽 三焦經	21～23點	★免疫系統（淋巴）排毒時段。 ★疏通水道，主氣血川流的決瀆之官。	★睡前3小時，不宜飲食、多喝水。 ★睡前1小時不看電視、電腦，聽柔和的音樂，準備就寢。
足少陽 膽經	23～1點	★膽分泌強鹼，進行殺菌、排毒、代謝膽固醇工作。 ★骨隨進入造血時段。	★熟睡有助於膽固醇代謝。 ★門窗不要緊閉，讓新鮮空氣流通。 ★床頭勿放電器、手機，防止電磁波輻射。
足厥陰 肝經	1～3點	★肝臟進行解毒、排毒的時段。 ★細胞進行修補和代謝。 ★肝臟、骨髓大量造血。 ★肝主謀略，為藏血的將軍之官。	★肝臟製造荷爾蒙，合成酵素、抗體，因此必須熟睡，幫助肝血回流。

傳統中醫學透過經絡按摩調整氣血和內臟功能

傳統中醫所謂的「健康人」是指陰陽平衡、氣血調和、經絡通暢的人，臟腑、經絡、氣血一旦失衡就會引發疾病，而經絡按摩能夠幫助陰陽平衡，對內臟功能具有雙向調整的功能，如胃腸功能不良、腸蠕動亢進者，按摩其腹部、背部，可促進腸胃蠕動正常。

經絡遍布全身，聯繫臟腑、皮膚，透過經絡按摩可促進調整經絡氣血的運行，溝通、聯繫所有臟腑器官、筋肉和骨骼，在體表局部推拿、按摩、撥筋，不僅可以通經絡、行氣血，並能夠提升身體自癒力、保健強身、防病治病、雕塑體態。

人體關節、肌肉只要受到外部衝擊、牽、拉、壓迫或身體虛弱、勞累、積勞成疾等都會引起損傷，即使沒有可見的外傷，都算是一種「傷筋」，無論急性、慢性，疼痛往往是重要症狀。

筋肉一旦受到損傷，肌肉就會出現緊張、僵硬、疼痛、無法自由活動等症狀，若拖延不治療，稍以時日，損傷部位即會產生不同的程度沾黏、纖維化，形成筋結硬塊，其形狀、大小不一，有時還會出現肌膚隆起或色澤變化，不同形狀的筋結硬塊出現在的不同部位，反應著不同的健康問題。

傳統中醫認為「不通則痛」，肌肉損傷後，筋脈受損，氣血流通不順暢，「通則不痛」，所以治療關鍵就在於「治痛」，透過經絡按摩，可以促進肢體活動及氣血循環，並解除肌肉緊張、筋脈痙攣的問題。

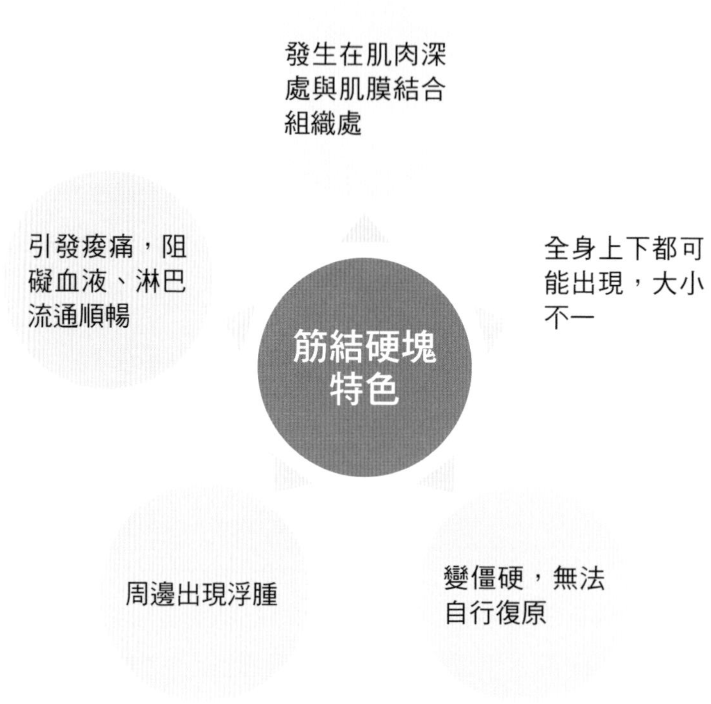
發生在肌肉深處與肌膜結合組織處
全身上下都可能出現，大小不一
引發痠痛，阻礙血液、淋巴流通順暢
筋結硬塊特色
周邊出現浮腫
變僵硬，無法自行復原

消除經絡筋結硬塊，挽救健康

許多原因不明的疼痛都可能來自於經絡阻塞，問題剛發生時，通常得經過觸壓才會感覺到疼痛，如置之不理，問題越來越嚴重時，即使沒觸碰到也會覺得疼痛。

還有些人動不動就扭傷，也都當意外處理了，其實一般性的用力不當並不容易造成扭傷，只有真正嚴重的外力才會導致扭傷發生，如果某部位經常性或不斷重複扭傷，就該思考不是外力的問題，而是該經絡相對應的臟器有狀況了，才使得經絡彈性變差，此外，過度疲勞也會引起肌肉緊張、不平衡，自然容易扭傷，這種扭傷變成是必然的結果！

此外，長時間勞動或過度用力、姿勢不正確等，也都會使肌肉筋結產生慢性勞損，引發筋結硬塊。此外，按照傳統的中醫理論，「風寒犯肺」、「汗濕困脾」、「寒氣阻滯肝脈」、「寒使經絡凝滯」，皆會引起臟腑經脈不適，加重慢性勞損的症狀。

正常的肌肉應是柔軟且富有彈性的，但長期慢性的勞損會導致乳酸堆積，觸之，感覺痛處較正常部位膨脹，並有痠痛感，置之不理，久而久之，痛處便越來越僵硬，甚至硬化。

肌肉形成筋結硬塊的變化

正常　柔軟有彈性

膨脹　乳酸慢慢堆積

酸痛　血行不順暢、有壓迫感

硬塊　●組織變化　●局部缺氧缺血　●神經萎縮

骨化　●纖維化　●不痠不痛

一般剛發生的或症狀輕微的筋結硬塊會有痠感，但久了之後會出現疼痛感，再嚴重者或有病變發生時，則會感覺麻木且不痠不痛。**痠痛表示病情還算輕微，只要治療就可以改善；一旦連痠痛都沒有了，感覺患處麻木時，即表示神經功能退化，情況較為嚴重。**

撥筋按摩逆轉筋結硬塊的過程

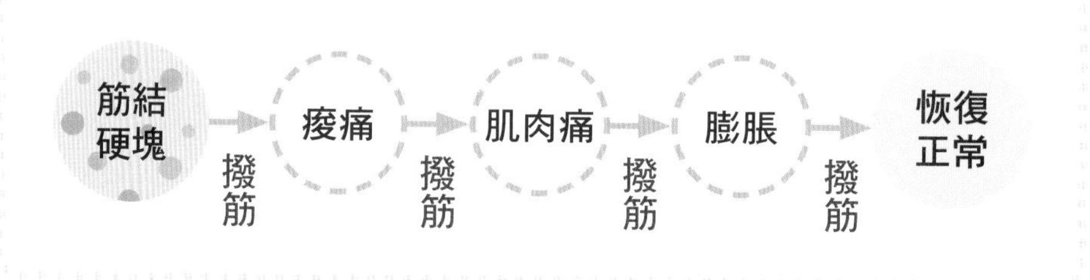

而使用撥筋棒等撥筋器具直接對患處施以撥筋，鬆開筋結，即可使硬化的筋肌組織恢復正常，並自行修復。但是，筋肌在修復過程中會痠痛、感覺脹脹的，利用撥筋方式順著經絡走向，再以**順氣理肌按摩**，即可消除乳酸的代謝。

順氣理肌按摩法

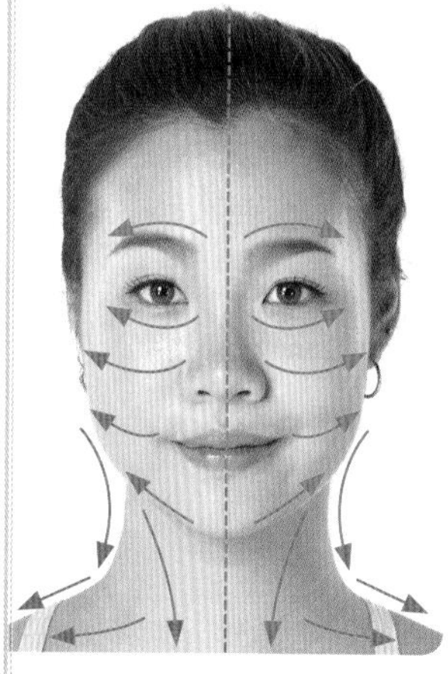

按摩原理

撥筋後的順氣理肌動作具有安撫作用，可加速乳酸代謝，避免堆積，及紓解撥筋造成的疼痛感。

準備動作：在欲按摩的部位均勻塗抹適量的保濕按摩霜或精油。

順序步驟

1. 用指腹浮貼臉部，雙手交替按撫兩頰。
2. 以臉中線往兩側由內而外、由上而下地撫推。

融合傳統經絡按摩與現代美容技術的撥筋法

現代人生活作息常不規律、飲食不思節制、情緒起伏大，加上3C普及，常有過度使用手機、電腦的狀況，尤其是上班族，長時間盯著電腦看，又整天坐著少動、姿勢不良，普遍都有肩頸僵硬、頭痛、失眠、腰痠背痛、視力退化與過勞等問題，甚至年紀輕輕就中風的例子也所在多有，說穿了，這些健康問題均與筋絡阻塞有很大的關係。

中醫論述勞損傷害乃「久坐傷肉，久行傷筋，久視傷血，久臥傷氣，久站傷骨」，產生氣血不順、筋脈結硬所致，只要透過經絡撥筋與順氣理肌按摩即可讓經脈舒緩暢通，亦可放鬆僵硬緊繃的肌肉，讓血液循行順暢，能夠滋養血脈、潤澤皮膚、活絡筋骨，進而達到養生保健的目的。

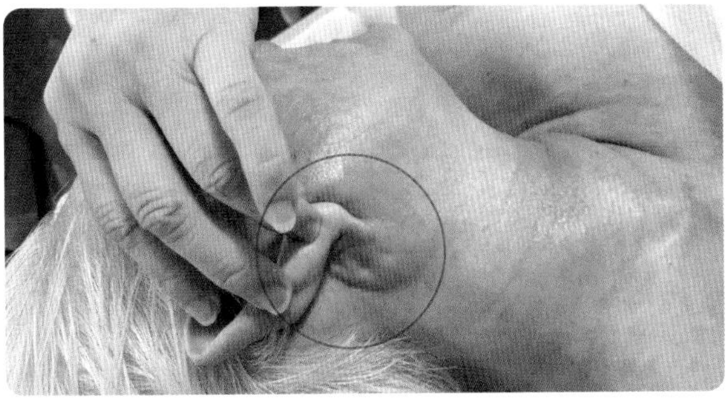

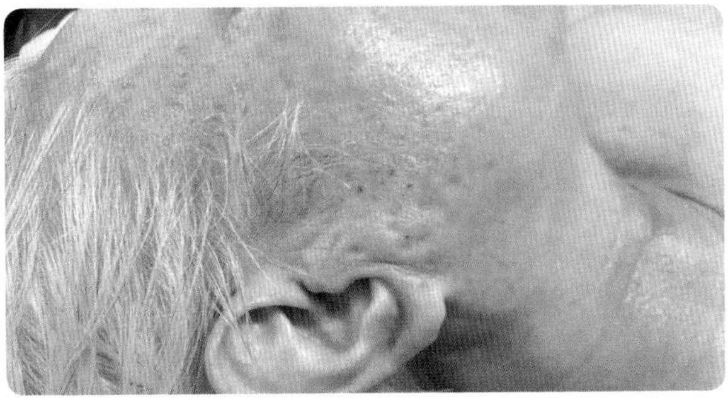

撥筋可幫助氣血暢通、疏通筋結。上圖耳下淋巴處有阻塞，撥筋後（見下圖），氣結腫脹消退。

現代撥筋療法的特色

經絡撥筋療法易學且易操作，主張經絡舒緩手法，可幫助深層神經舒緩，與一般常聽到的指、油壓有很大的不同。

撥筋主要的原理和種花植樹要鬆土的道理一樣，也就是疏鬆肌肉，打通經絡氣阻、痰核、筋結，使氣血通暢，進而達到深層神經的舒緩，幫助自律神經回復到平衡，自律神經功能只要回復正常運作，很多疾病就會不藥而癒。

按摩是一種被動式的運動，要讓身體健康最好能夠搭配不同的運動組合，所以按摩若能搭配合適的配套，如順氣理肌按摩，效果會更好。

經絡撥筋按摩可在全身進行，刺激穴點或開穴，疏通筋結、腫脹，使血脈通暢、活絡五官機能、潤澤皮膚、令肌肉健康富彈性。在**臉部**，可改善黑眼圈、眼袋、眼尾下垂、黑斑、面皰、視力退化、耳鳴、暈眩等問題，因為臉部血脈通暢、氣血循環佳，自然能夠達到胖臉變瘦、瘦臉變胖，臉型雕塑的雙向調整作用；在**全身**，則可通暢全身氣血筋脈、遠離痠痛、維護健康，是自然、無副作用的健康保養之道。

經絡撥筋按摩的特色

- 打通經絡氣阻、痰核、筋結
- 軟化局部腫硬肌肉
- 舒緩深層神經
- 幫助自律神經回復平衡、正常運作
- 撥開深層筋肌膜沾黏
- 疏鬆肌肉與淋巴
- 幫助氣血通暢
- 修復自癒力

現代的撥筋療法的四種特色

- 按照經絡與經脈的走向，針對點、線、面全面操作，深層疏開筋結硬塊，讓組織變軟，恢復正常狀態與機能。
- 施以舒緩、順氣、排毒的撥筋按摩手法，幫助氣血循行順暢，增進新陳代謝功能正常。
- 結合現代美容按摩的技巧與力學理論，使肌肉與骨骼系統維持平衡。
- 將傳統中醫主張之「一推、二灸、三吃藥」的順序與原理整合為一，一舉達成疏通氣阻、暢通氣血、修護細胞的作用。

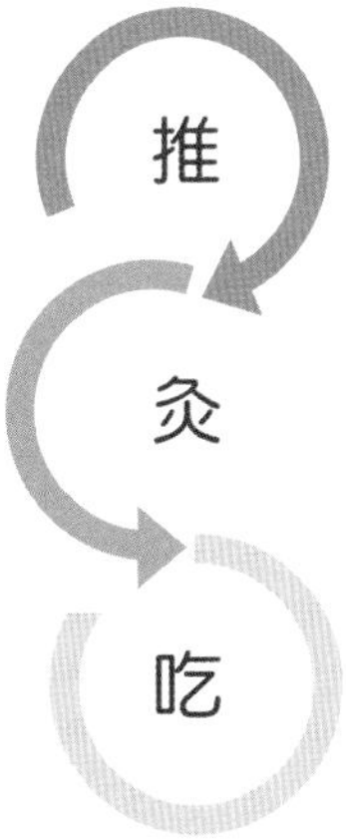

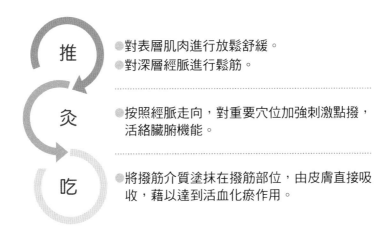

推：
- 對表層肌肉進行放鬆舒緩。
- 對深層經脈進行鬆筋。

灸：
- 按照經脈走向，對重要穴位加強刺激點撥，活絡臟腑機能。

吃：
- 將撥筋介質塗抹在撥筋部位，由皮膚直接吸收，藉以達到活血化瘀作用。

特別收錄

撥筋美容養身法與動態健康連續線

中國文化大學運動與
健康促進學系系主任 | **蘇俊賢**

「**全人健**」（Wellness）一詞在半個世紀之前，由學者Dunn H.所提出，主要目的在改變傳統對健康侷限在醫療系統對抗疾病的觀念，倡導促進健康的多元觀。

健康的多元概念，主要在闡述個體健康狀態是一條動態連續線的思維，個體健康狀態在連續線上，向左側移動是為負向健康，反之，向右側移動是為正向健康，這條連續線有一段區間被定義為「**健康游離危險區**」，現今文明社會人類的健康大部分落在此一區間，其主要原因為生活型態、飲食習慣和生活環境污染所致。

如何把個人健康從游離危險區推向正向健康區，有賴於在日常生活中增加正向健康促進因子，諸如：處方運動、均衡營養、壓力管控、充足睡眠、姿勢矯正等。

中國傳統醫學觀點，認為筋膜指肌肉的堅韌部分，附於骨者稱「**筋**」，包覆於肌腱之外者稱「**筋膜**」，是一種聯絡關節、肌肉，主司運動的組織。

五行經絡臟腑學說認為，筋膜為肝所主，依賴肝血的滋養，肝血不足、肝風內動等均可出現筋膜的病變。西方醫學觀點認為，筋膜是貫穿身體的一層緻密結締組織，分成淺筋膜（存在於皮下組織）、深筋膜（包繞著肌肉、骨骼、血管、神經的筋膜）、內臟筋膜（包繞內臟的結締組織膜，具有固定內臟位置的作用），可以減少肌肉的摩擦，允許肌肉與肌肉之間相互滑行。

日常生活中，**肌筋膜痛症候群**（Myofascial Pain Syndrome）是西方醫學常見的病症，生活作息的習慣常和此痛症相關聯，諸如：肌肉過度負荷、姿勢不良、睡眠品質、壓力、營養素攝取不足等。

《老子》曾云：「道常無為，而無不為」，諺語亦云：「有病不治，常得中醫」，意即只要把人體內、外在環境調理得宜，增強免疫能力，自然獲得正向健康。《黃帝內經》：「五臟有六腑，六腑有十二原，十二原出於四關，四關主治五臟。五臟有疾，當取之十二原。」、「欲得而驗之，按其處，應在中而痛解。」說明經絡穴位，能夠反應人體健康狀態，刺激經絡穴位使病痛緩解，恢復健康。

撥筋美容養生法依循中醫經絡學理論，著重經絡走向、肌肉排列，使用介質運用撥動技法，刺激經絡穴位、放鬆肌肉、疏通經脈、調節氣血、協調臟腑，增進新陳代謝，達到身心保健的作用。撥筋美容養身法就促進健康多元觀而言，涵蓋了身、心、靈正向健康促進因子。

撥筋的神奇妙用：養髮、養顏、養身、養心四養合一

養髮、養顏、養身、養心其實是一體的，互相牽動、互相影響。身體健康的人心情自然愉悅、心胸開闊，也比較容易看得開；身體不好或生病的人三不五時就得躺在床上、打針、吃藥，心情當然開朗不起來，情緒也會比較低落。以我自己為例，從小到大病痛纏身，最嚴重的就是住院、開刀，當時情緒真的很糟糕，感覺很晦澀，但住院開刀畢竟有期限，出院了，感覺自然又不同了；如果是長期受到病痛煎熬，不是開刀治療可以解決的毛病才是最難熬的，不知道何時才是盡頭，心情如何好得起來？

照顧健康不僅是身體上、生理上而已，心理層面的健康也要注意，否則健康的身體也會被不健康的心靈拖垮。一個人身體不健康時，要維持身心平衡是很困難的，縱使樂觀向上，還是難免會有陰

◀生理與心理會互相影響，只要身體健康，就有好心情！

暗晦澀的時候，說到底，一切由心而起，**身心平衡才是真健康。**

我們的「先天之本」（身體）是父母遺傳給我們的，如果父母體質好，生下來的我們無意外的話，身體通常也是好的，但再好的體質也不敵後天的糟蹋，用一個好玩的方式來比喻——身體好比一間房子，好好照顧、精心保養，要屹立上百年不是問題，但若不好好保養，任其風吹日曬雨淋，久而久之也就荒廢了。

所以我利用撥筋來維護我的「房子」。撥筋簡單易學、實用簡便、安全性高，可以因應時間、地點、對象、空間的不同來進行調整，全身性或局部操作都可以，不受時空限制，隨時隨地都可以自己DIY，最大優點便是立即可見的效用（但效果要持久，就要常常操作，持之以恆）。經絡系統載運順暢，可濡養生命體，使人身強體健，擁有旺盛的生命力。

人體是一具相當精密、奇妙的有機體，當我們為了某個內臟或某部位的健康努力時，往往也會順帶幫助其他部位或臟器也恢復健康。譬如撥筋養腎，傳統中醫說：「腎主骨髓，開竅於耳，其華在髮」，腎氣充足，毛髮自然茂盛、有光澤。**撥筋療法帶動的養生力量可同時涵蓋髮、顏、身、心四個面向，具有四養合一的效果。**

我從學習撥筋開始至今，不僅透過它恢復健康，也經由撥筋幫助我緩解壓力，維持身心平衡，並從中獲得許多樂趣；我發現自己身體健康時，全身經絡通暢、氣血循環良好，無論是氣色、髮質、膚質、身體的活動力等各方面都呈現紅潤、有光澤、活力十足的狀態，且情緒是愉悅的，心靈是積極、平靜而向陽的；尤其在進行撥筋療法時，情緒上必須盡量保持平和、靜氣，動作不疾不徐，故而對情緒的持穩、頤養心氣也都有莫大好處。雖然，我原意是要利用撥筋療法來幫自己美容保養，卻連頭髮、皮膚、免疫能力、心靈都照顧到了！

跟著蕭老師做搓耳保健操

1 以雙手食指、中指分別夾住兩邊耳朵，上下搓揉100下。

2 用雙手拇指、食指分別來回摩擦兩邊耳廓，至發熱。

3 以雙手拇指、食指分別捏住兩邊耳尖並往上提拉。

4 以雙手拇指、食指分別捏捏兩邊耳垂再往下牽拉。

5 將耳朵對折、扭轉至發熱。

跟著蕭老師做十二經絡保健操

掃我看影片

預備動作：立姿，雙腳分開與肩同寬。

1 **左手側舉**，與肩同高。右手由內而外，從胸口沿著左手內側拍向左手指尖。

動作口訣：**手三陰由胸走手**

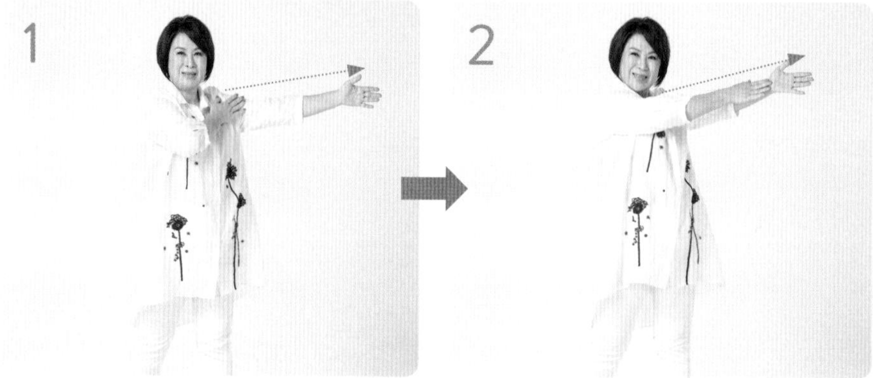

2 **右手由外而內**，從左手指尖，沿著手臂外側拍向頭部左側邊。完成後，換邊重複動作1～2。

動作口訣：**手三陽由手走頭**

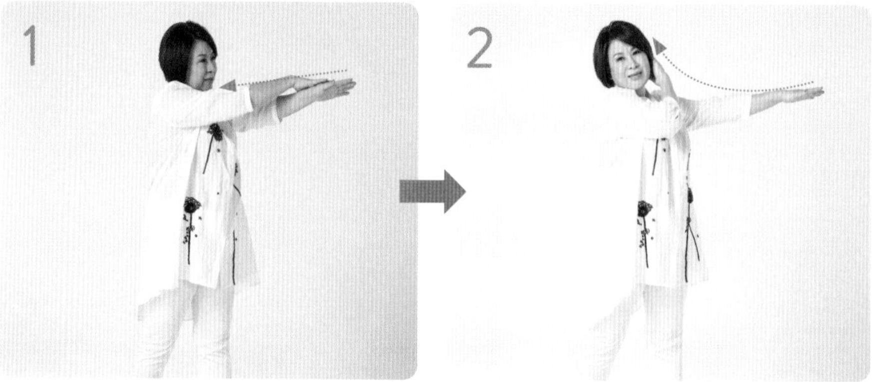

3 雙手上舉至腦後，由上而下，沿著後腦、後頸、肩膀、後腰、臀部、雙腿外側拍向腳踝外側。

動作口訣：足三陽由頭走足

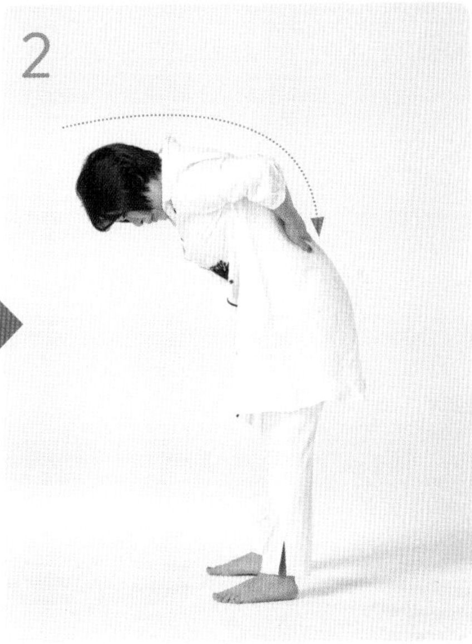

（續下頁步驟）

4 雙手由下而上，沿著腳踝內側、膝蓋內側、大腿內側、鼠蹊、腹部拍向胸口。

動作口訣：**足三陰由足走胸**

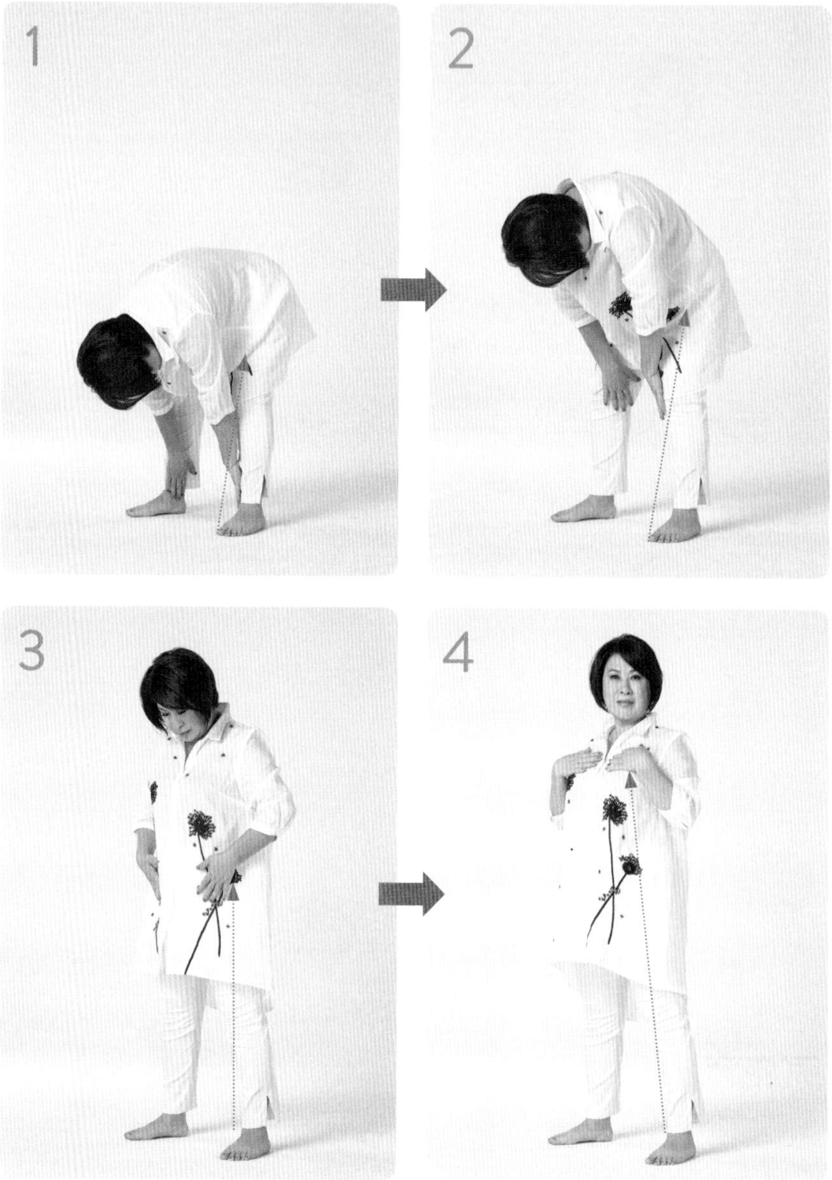

跟著蕭老師做淋巴排毒操

1 以右手掌根稍微用力推抵左胸肩窩處36下後，往外拍打至左手指尖，拍打的力道稍微加大。完成後，換邊重複相同動作。

2 以左手掌敲打左邊鼠蹊部36下後，沿著大腿內側往下拍打至腳踝內側。完成後，換邊重複相同動作。

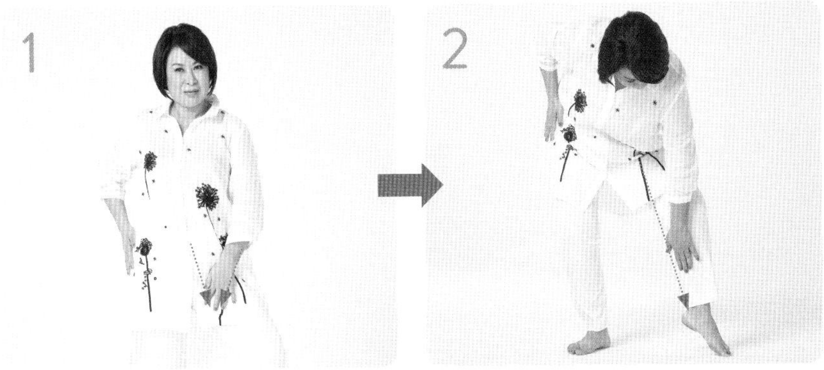

3 雙手自然下垂，雙眼輕閉，緩慢地深呼吸36回，靜心收氣。

掃我看影片

正確撥筋才有效

經絡運行、輸送氣血到全身各處，維持人體功能、活動平衡，經絡的運行功能只要正常，就能使人體內的臟腑和體表的五官七竅、皮毛、肌肉、筋骨協調一致，《素問・血氣行篇》：「經絡不通，病生於不仁，治之以按摩藥。」按摩對於經絡和氣血導致的疾病具有一定的幫助。

人體具有自我修復的能力，肌肉、皮膚都能夠自癒，但修復能力因人而異，若經絡阻塞，有筋結硬塊，修復能力自然不理想，所以才需要外力幫助，例如按摩、撥筋等，尤其是撥筋的效果顯著。撥筋舒緩經絡後，經絡通暢、氣血暢行無阻，人體就能好好地吸收營養，經絡能順利將營養運送至全身，身體自然就能夠自我修復。

與其他按摩方式相較，撥筋是利用工具，直接對準穴道、經絡、筋肌膜、肌肉組織進行按摩，作用不僅較深層且較精確，相較於指、油壓及淋巴按摩等主要是舒緩或放鬆肌肉，只用手，也不針對穴位操作，確實較不容易碰觸到正確的肌肉深度，因此較難解決深層的僵硬問題。

再者，撥筋的專有手法可適應不同的身體部位，達到不同的效用，如針對單點按壓的「**點撥**」與「**深挑**」即利用下壓力量撥開沾黏的肌肉、「**梳**」則能順氣，將不好的氣阻排出體外，**如何撥筋才有效？重點即在於使用正確的器具與手法，順應正確的經絡走向與肌肉紋理垂直，將藏在深層經絡中的阻塞疏通。**

經絡撥筋的正確認知

大多數的人都不了解何謂「經絡撥筋」，以為和「刮痧」（撥筋與刮痧的不同請參見第70～72頁）是一樣的，甚至認為過度撥筋易造成肌膚彈性疲乏或肌肉、神經受傷，其實操作撥筋的技巧重點不在於停留於肌膚上滑動、按摩的動作，**正確的撥筋方式應該是用一手輔助固定肌肉，另一手在固定的肌肉間，將撥筋器具（如莎曼莎牛角、陶瓷天魚等）著力於深層筋膜處，疏通深層筋脈中長期阻礙氣血運行的硬塊與筋結。**

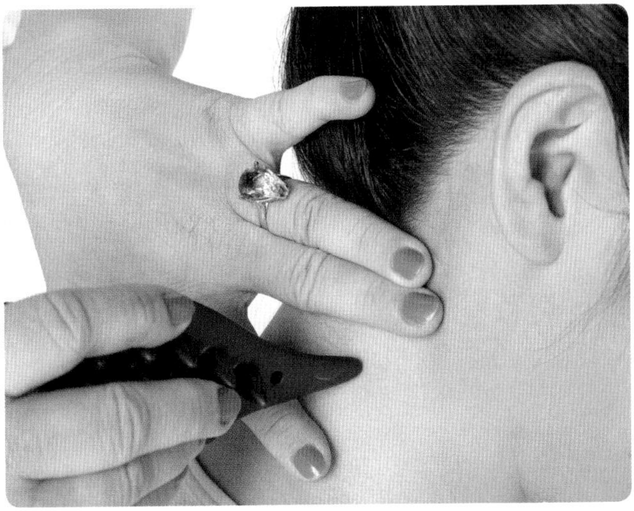

▲一手固定肌肉，另一手在固定的肌肉間撥筋才正確。

撥筋的正確手法

掃我看影片

撥筋的重點在於疏通、調理筋絡，難免會在表皮、肌肉上留下痕跡，但與經絡阻塞不通，深層筋結硬塊阻礙血液、營養輸送至表皮、肌肉層，體液滯留體內，無法代謝，以致皮膚失去光澤、彈性，變得黯淡無比，撥筋所造成的輕微傷害很快就會消失，還能夠疏通經絡，恢復皮膚應有的光華與身體健康，**深層破壞筋結的同時也在重建健康的筋脈。**

與撥筋相較，坊間許多美容按摩的手法花俏、招式多變，但著重於肌肉表層的舒緩，而未能深入筋膜處理痠痛，操作重點在於安撫被按摩者，幫助其放鬆，並不能真正地解決問題，所以幾日後，先前的症狀會反覆重來。

凡體驗過撥筋療法的人都認同撥筋的效果既快速又實在，雖然過程中疼痛在所難免，但**氣阻一旦疏通，疼痛感便立即消失**，而原**本僵硬的經脈也瞬間變得柔軟、有彈性**。經脈健康，經絡氣血運行正常，氣血能量充足，內臟自然變得活絡、功能提升，神經系統傳導正常、體液正常輸送代謝，身體就不會囤積脂肪、贅肉，生理機能呈現健康狀態。

就好比水溝中的水流動緩慢，甚至無法流通，溝底一定是積塞了許多淤泥穢物，要讓水流順暢，就必須將底層的污泥清除乾淨，而撥筋療法就像清理水溝，要把阻塞經絡的筋結硬塊清除乾淨，才能讓氣血順暢。

面對經絡撥筋應有的正確認知

1. 真正的著力點是深層筋膜，不是表層皮膚。
2. 操作過程中，疼痛及皮表的輕微傷害在所難免（因氣阻沾黏，經撥開，微血管、細胞組織會受損所致）。
3. 氣阻一旦疏通，疼痛感立即消失，經脈瞬間變得柔軟、有彈性。
4. 深層破壞筋結的同時也在重建健康經脈。

正確的撥筋方法

經絡撥筋是按照傳統中醫的人體經絡學說，配合肌肉紋理走向，與十二經絡的走向來操作，疏通人體內的筋結、氣阻，幫助全身氣血循環正常，恢復人體原有的自然治癒能力。撥筋有正確的姿勢、手法、循序漸進的步驟等，按照正確的方式進行，才能得到最好的效果及避免錯誤操作而引起的傷害。

撥筋的正確姿勢

正確的姿勢可以減輕撥筋者及被撥筋者的身體負擔，避免錯誤姿勢引起的不舒服、疼痛及筋肉損傷或用力失當而導致瘀青、傷筋等問題。

- **幫人撥筋者：**做全身撥筋時，上身放鬆，腰部挺直（勿彎腰駝背），雙腳打開與肩同寬（或也可以採取弓箭步姿勢，即前腳弓步，後腳箭步），保持身體重心穩固，手臂打直，使用手臂、手腕，並運用身體重力來操作撥筋器具進行撥筋。另外，在撥筋時，未持工具的一手一定要固定被撥筋者的皮膚，避免撥筋的時候，皮膚、肌肉有不當的拉扯，而造成瘀青與疼痛。
- **自己撥筋或被撥筋者：**無標準姿勢，但被撥筋時一定要全身放鬆，避免肌肉緊繃，自然呼吸就好。此外，撥筋前若能洗個熱水澡，也可增強撥筋的效果，例如足部撥筋前可以先泡腳。

撥筋器具的基本握法

無論使用哪種工具，請記得一定要讓工具與肌紋理垂直。撥筋時，先將工具稍微往下壓後（約往下壓0.3～0.5公分）再推出去，拉回來時輕輕貼著肌膚表面，不要施力（重推，輕拉）。要注意撥筋棒與肌肉紋理的角度如果超過或不足90度，效果會大打折扣！

- **握筆式**：如同提筆一般握住撥筋器具，以手腕或手指的輕巧勁力來回活動撥動筋絡。

  適用於處理淺層筋膜放鬆、穴道處點撥，多運用於穴道處與臉部撥筋按摩或舒緩撥筋之用。

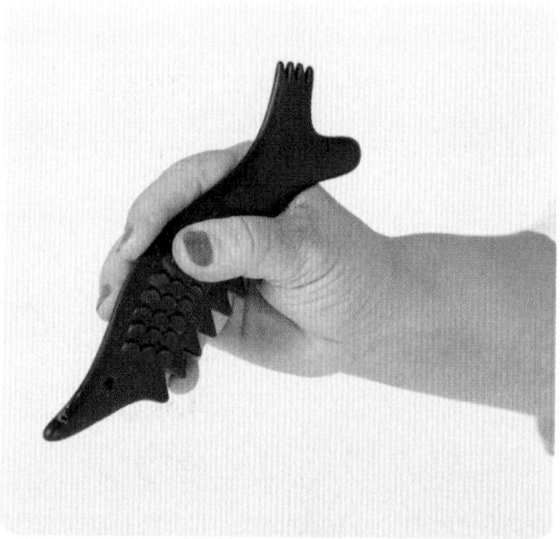

- **直立握法**：手掌心輕穩握住撥筋器具，成略直立角度，用上身重力帶動器具撥動筋膜。

  適用於處理深層筋膜與頑固筋結，或加強穴道處的深撥，尤其適用背部和臀部。

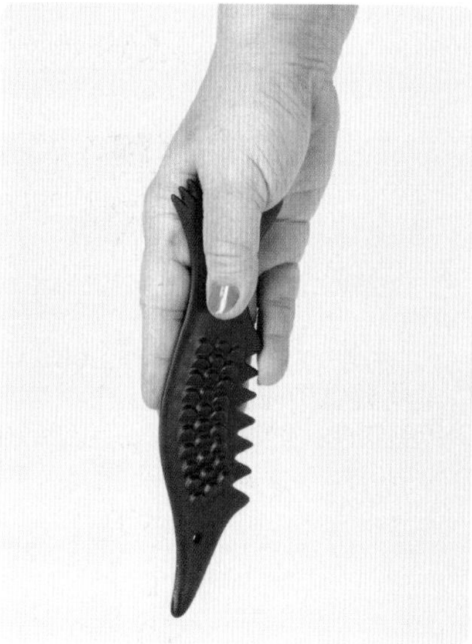

撥筋棒介紹

掃我看影片

基本撥筋手法

橫撥

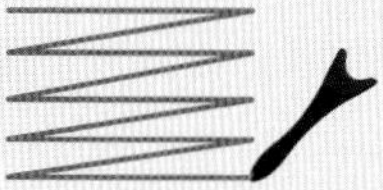

- 工具與肌肉垂直，循經絡，橫線滑動，工具不離肌膚，線重疊
- 撥動範圍：2～3公分寬、深度約0.3公分

划撥（斜撥）

- 工具與肌肉垂直，循經絡，斜向滑動，工具不離肌膚，線重疊
- 撥動範圍：5～7公分寬、深度約0.3公分

直撥（畫線）

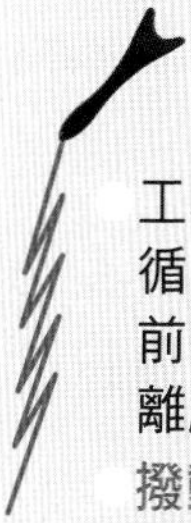

- 工具與肌肉垂直，循經絡，直線往前滑動，工具不離肌膚，線重疊
- 撥動範圍：5～10公分寬、深度約0.3公分

螺旋撥

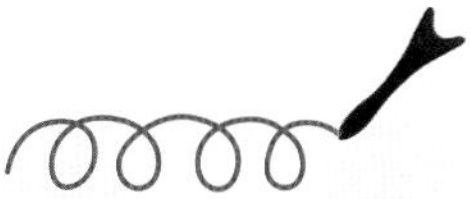

- 工具與肌肉垂直，循經絡，以環狀方式進行，工具不離肌膚
- 撥動範圍：2～3公分寬、深度約0.3公分

放射狀／定點點撥

- 以下壓力量將肌肉撥開舒緩，適於肉厚部位
- 工具循穴位下壓，再由內向外撥；或定點深壓搖晃
- 撥動範圍：深度約0.5公分

挑／深挑

- 深層肌肉固體化時必須壓深，挑開筋結
- 工具循穴位下壓，再向上挑起
- 撥動範圍：深度約0.5公分

切

- 工具與肌肉垂直，循經絡下壓，像切菜般
- 撥動範圍：深度約0.5公分

刮

- 筋結硬、怕疼者可軒大面積刮鬆、熱後再進行其他撥筋
- 工具握柄面與肌肉垂直，做「刮」的動作
- 撥動範圍：深度約0.5公分

梳

- 用刮痧梳子以「梳」的動作，順經脈梳理
- 撥動範圍：深度約0.5公分

撥筋動作DIY

臉部撥筋前，必須先進行臉部的清潔及基礎保養，如果有化妝，就要先卸妝，然後清潔臉部、拍打化妝水及乳液。若是全身撥筋，可以在洗完澡，並塗抹好身體乳液後再進行。

借用工具上手

撥筋的器具包括工具和潤滑劑，器具的選擇與保健效果直接相關。經絡撥筋的原理來自於刮痧，所以兩者的工具有雷同之處，但使用工具的方式並不同，古代使用湯勺、銅錢、嫩竹板等作為刮痧的工具，利用麻油、水、酒等為刮痧時的潤滑劑，這些工具雖然取材方便，但因其簡陋、本身又無藥物搭配輔助治療作用，所以只有舒緩的作用。經絡撥筋因須配合肌肉紋理走向、搭配十二經絡的路徑來操作，所使用的工具目前應用最為廣泛的工具是牛角棒和多種功能的牛角刮痧梳子。

- **撥筋工具：**現代科技發達，工藝技術進步，撥筋器具也是改良甚多，除了眾所周知的牛角棒、玉製品外，還有加入遠紅外線負離子功能的生化陶，無論機能性或適手性都相當優良。

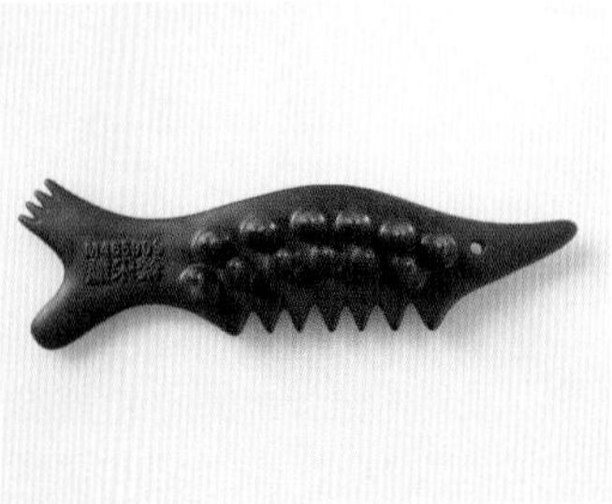

生化陶（撥筋專業人士適用）

- 含高能量遠紅外線負離子，可促進血液循環、活化細胞、強化代謝及淋巴循環。
- 對於痠痛、淋巴堵塞效果更為顯著。
- 遠紅外線生化瓷能量，可長期使用。
- 陶土材質，中醫認為更能親近人體肌膚。

水牛角

- 質地堅韌、光滑、耐用，材料來源豐富，加工簡便。
- 具發散行氣、清熱解毒、活血化瘀作用。

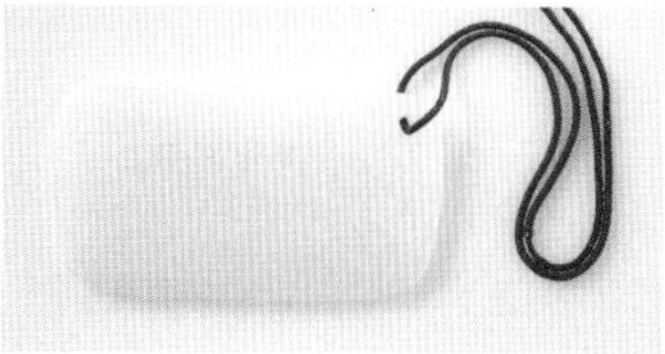

玉製品

- 玉性味甘平，具養神寧志、潤心肺、清肺熱、滋養臟腑的作用。

為什麼牛角棒最受使用者歡迎？

從中醫的角度來看，水牛角味辛、鹹、寒。辛可發散行氣、活血滋養，鹹能軟兼潤下，寒能清熱解毒，具有發散行氣、清熱解毒、活血化瘀的作用，使用水牛角製作的牛角棒能夠把人體內的濁氣帶出。

★牛角撥筋的優點

- 牛角分赤牛角、黑水牛角，在中醫古藥典有記載可疏筋活血、清熱，黑水牛角更可以入藥。
- 牛角可吸收火氣、病氣，操作時，撥筋者與被撥筋者彼此要隔離開5公分，可避免操作後身體疲累、不舒服。

★淨化牛角的方法

- 每次操作完畢，用清水清洗後，以乾淨的毛巾擦拭晾乾即可（請注意：千萬不能浸泡於鹽水中或放在陽光下曝曬）。
- 建議牛角宜個人專屬使用。如須共同使用，使用前須用酒精棉擦拭、消毒。

撥筋潤滑劑：一般美容保養品，如眼霜、保濕霜、潤膚霜等，只要具有滑動、保濕效果的，都可以作為撥筋時的潤滑劑。

以前美容技術不發達，可使用於刮痧的介質、潤滑劑選擇有限，老阿嬤一般最常用來幫刮痧潤滑的就是萬金油，相信許多人都嚐過萬金油刮痧的滋味，味道嗆又刺激，有時不小心刮傷皮膚時，刺痛的感覺實在不好受。

不過時至今日，各式各樣、具機能性的美容保養品琳瑯滿目，有添加美白作用的左旋C、有保濕作用的玻尿酸、有可幫助活血化瘀的山藥成分等，搭配良好的撥筋工具，效果會更好。尤其是具機能性的專業撥筋霜能幫助撥筋徹底發揮作用，達到撥筋理肌、內病外治的明顯效果。

▲合適的撥筋工具搭配具機能性的撥筋霜，能幫助撥筋徹底發揮作用。

撥筋注意事項

- 全身撥筋前不宜吃過飽，以七分飽為宜。
- 飯後40分鐘才可以做臉部的撥筋，1.5小時才能進行全身撥筋。
- 撥筋前可以先泡腳或洗澡，先讓身體熱了，撥筋的效果會更好。
- 撥筋後須大量補充水分（建議飲用300cc的溫開水），以利排毒。飲水宜溫熱，忌冰冷，其他刺激性的食物也要盡量避免。
- 上午 11 點～下午 1 點間，心氣虛者須儘量避免撥手三陰經、心經部位，以免過度虛弱（這段時間裡，心經運行，人體需要休息，不適合運動，而撥筋也是一種被動式的運動，所以不適合操作）。
- 有高血壓問題者，必須避免在正午時間（中午12點～下午1點）撥筋。

常泡腳，保健康

- **器具**：桶高足以浸沒至小腿肚的平底桶。
- **水溫**：約35～43℃。
- **時間**：約30～45分鐘（視每個人的耐熱度而定，剛開始泡時，水溫可以低一些，慢慢添加熱水）。
- **步驟**：

1.先慢慢把腳放到水中，讓皮膚逐步適應水溫。

2.泡到全身發熱，微微出汗即可。

- **注意事項**：

1.泡完腳後要立即喝水，補充水分。

2.每天或隔一天泡一次即可。

3.老人勿泡太久，20分鐘為佳。

撥筋工具介紹

遠紅外線大、小陶瓷天魚

特色：以遠紅外線陶土製成，具遠紅外線功能。

大天魚：主要針對大肌肉群部位，如頸部以下的身體軀幹、臀、上肢手臂和下肢雙腿。

魚尾Y型部位
可撥背部兩側膀胱經、梳理手指、手腕。

魚背
適用刮痧，順暢經絡氣結

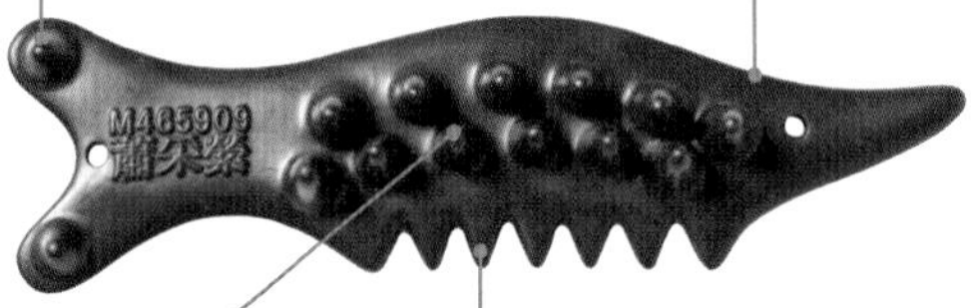

齒狀凸起面
梳理深層肌纖維和順氣

魚腹
適用於有筋結氣阻的部位

八爪天魚：主要針對肌群厚實部位（如背、臀部、腹部）。

握把
適用於大面積、大腿外膽經，有助順氣。

點穴
可刺激穴位、增進循環

八爪天魚
適用背部、督脈、膀胱經、腹、臀部，省時省力好操作。

八陣圖
可防煞避邪、祛病氣

小天魚：主要針對小肌肉群部位，原則上為臉部和頭部。

魚鱗面
刺激末梢神經，提拉肌膚表層

魚尾鰭中端弧度狀
拉提下巴部位或梳理淋巴

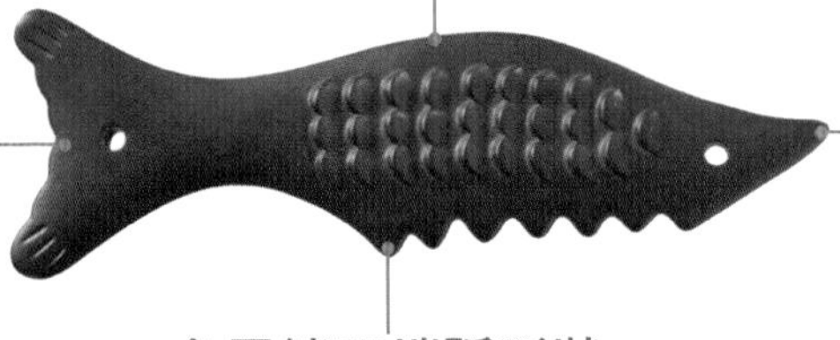

魚嘴
適用開穴、刺激點穴、疏通深層肌膜沾黏與經脈氣阻

魚尾鰭下端弧形狀
適用肩頸部位或開穴

莎曼莎牛角

特色：材質關係，價位較低，適合一般消費者或初學撥筋技師使用。

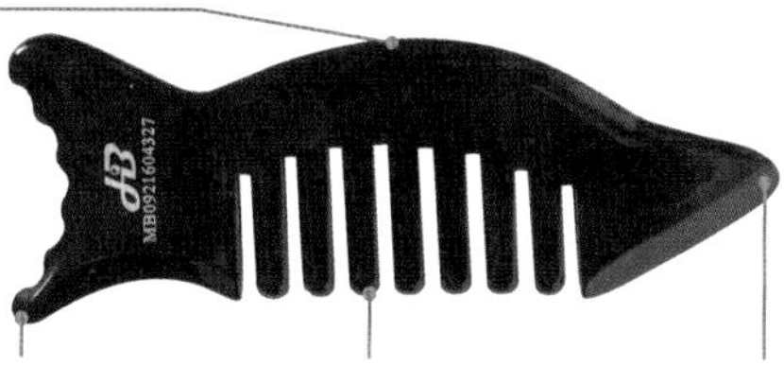

魚背
刮痧

魚尾
梳理頭部

魚腹
梳理筋結順氣

魚頭
開穴位

大牛

特色：體積較大、較長、重量適當，擁有自我撥筋的方便及有效性，可施作於較難觸碰到的身體部位，如後腦杓、肩胛骨等。

適用部位：全身。

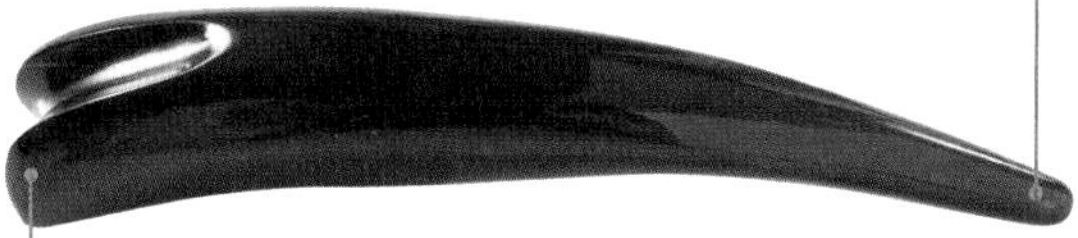

尖端
具尖頭造型
適用開穴、刺激點穴、疏通深層肌膜沾黏與經脈氣阻

尾端
具圓弧平滑的開叉造型
適用脊椎兩側的膀胱經、臉頰兩側的淋巴、肩、頸、頭等部位

美人魚牛角

特色：輕巧、多功能、攜帶方便。

適用部位：全身，尤其臉部及眼部。

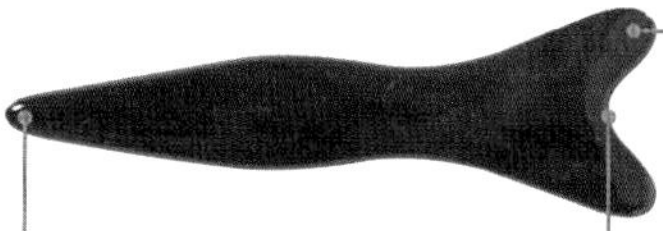

魚尾兩端圓角
適用刺激穴點、撥眉頭攢竹穴等

魚嘴
適用臉部、眼部、頭部開穴、撥筋

魚尾中間圓弧平滑版
適用刮、拉提、疏通下巴淋巴部位

撥筋霜(鬆筋霜)

編按：本單元介紹之撥筋工具為本書撥筋示範實際使用之用品。

有效撥筋Q＆A

Q1 撥筋與坊間的刮痧、推拿、放筋路之異同？

A 原理相差無幾，作用類似，但操作手法及治療的深度不同。

刮痧起源自古老的春秋戰國時代，現在更是在民間廣於流傳的自我保健療法；《扁鵲傳》中講述神醫扁鵲為虢國太子治病，所用的「砭石」就是用表面光滑的石塊作為刮痧器具，進行刮痧治療。**推拿**是運用各種手法技巧，循人體經絡、肌肉紋理走向，幫助人體舒筋活血、防病祛疾的一種治療方式。**放筋路**則是利用經絡、肌肉、骨頭間的聯繫，運用推拿技巧舒緩緊繃、僵硬、痠痛的筋骨。

撥筋的原理與刮痧相同，也都具有類似的作用，只是隨著年代的進步，撥筋取長補短，結合刮痧的手法與推拿按摩、放筋路的手法技巧，除使用「刮」的動作，對身體表面及穴位進行良性的物理刺激外，也利用撥筋工具對經絡、穴位進行刺激，透過經絡傳導作用，活化經絡、疏散體內淤積不通的氣血，達到促進血液與淋巴循環、疏通經絡、調整臟腑功能的目的，將營養及氧氣充分運送到身體各組織，促進全身新陳代謝，並活絡人體免疫系統。

痧是什麼？為何需要刮？

從西醫的角度來看，「痧」是微細循環產生障礙的現象，血液從心臟運送到全身，需要靠微血管進行調節，若微細循環無法正常運作，身體健康就會受到影響；而中醫認為「痧」是一種瘀結，具有阻塞的意思，當人體內受到阻塞，導致氣血運行不通暢，就會進一步產生疼痛及各種病症。身體出現「痧」即表示體內存在著不平衡狀態，將之刮除才能讓循環變好、變正常。

加速排除體內毒素，提升自癒力

人體氣血只要調和通暢，就能讓身體細胞得到充分的氧氣與營養供應，維持身體器官的正常生理功能運作。

用撥筋工具對瘀結的部位向下施壓（撥動），就會讓微循環障礙部位瘀積的血液從微血管的間隙滲出，停留在皮下組織與肌肉之間，就是我們看見的「痧」。

撥筋的過程會讓皮膚組織充血，當血管神經受到刺激，血管會擴張、血流與淋巴運行速度加快、免疫系統中的淋巴細胞與血液中的吞噬細胞作用速度與搬運能力均會提升，加速排除體內毒素、廢物。

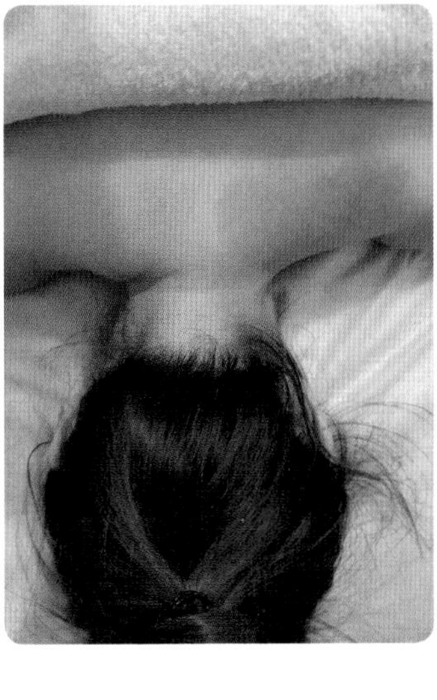

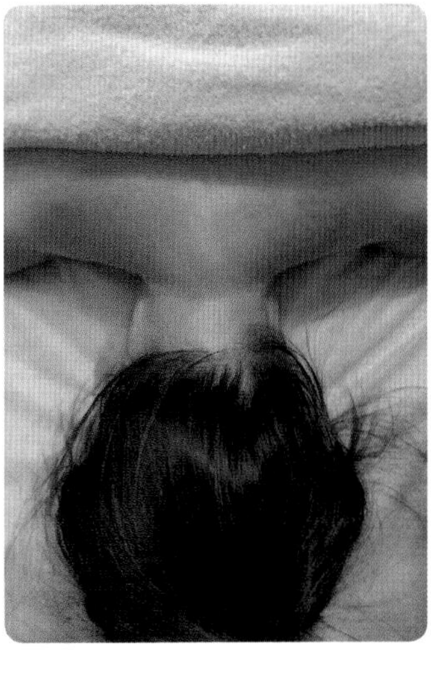

許多人都有肩頸筋結阻塞問題（圖左），撥筋後，經絡氣血暢通，頸線也變修長（圖右）。

人體的血液與淋巴能對體內的異物有辨識與排除能力，就像清道夫一樣，「痧」被身體視為異物，出痧會被身體具有免疫功能的細胞消滅，再經由尿液、汗液、呼吸等作用排出體外，當出的痧顏色漸漸減退，這種「退痧」的過程代表身體的毒素被排除的過程。

經常撥筋可以鍛鍊免疫系統，提高身體反應能力，可以有效並且快速清理這些人體不需要的毒素、廢物，並讓組織創傷修復能力提升，達到保健功效。

撥筋的優點

氣血通暢

肌肉僵硬會對肌肉底下的筋造成壓迫，導致血液流通不順，令人感覺不舒服、痠、麻、脹、痛等，而撥筋可以消除造成筋絡阻塞的氣阻硬塊，讓全身氣血活絡暢通，遠離痠痛。

變年輕

人是由氣血濡養筋骨，撥筋的當下就是在疏通經脈。《靈枢本臟篇》：「經絡可行氣血，營陰陽，濡筋骨，利關節也。」《內經・難經》也記載：「經絡可以絕死生，處百病，調虛實。」經脈暢通，細胞得到滋養，人自然就會變年輕。

變漂亮

中醫認為當經絡氣血運行不暢時，人體氣血會不足，臟腑功能自然遞減，影響所及，氣色、膚質、毛髮都會受影響，變得不好，影響外貌美醜，而撥筋疏通了人體經絡，讓皮膚與臟腑經絡氣血充足，人自然神清氣爽，當然就變漂亮了。

Q2 不懂得穴道，可以自己做撥筋嗎？會不會有危險性？

A 即使不懂穴道，也可以自己做撥筋。

以中醫經絡學來說，「痛則不通，通則不痛」，身體不舒服，就表示氣血不通，這時候可以用撥筋把緊繃的經絡撥鬆。

撥筋雖然不是侵入性的行為，在操作時還是要注意力道的深淺，例如頸部的撥筋就要非常小心，尤其是高血壓患者的血管比較脆弱，撥筋力道不可太大，還有靠近脊椎部與頸動脈處也都要非常小心，最好能先上課學習後再操作，較為安全。

這些人撥筋時要特別注意

對象	問題	注意事項
高血壓患者	血管較脆弱	頸部及靠近脊椎部、頸動脈處撥筋力道不可太大
體質虛弱者	久病而身體虛弱	須使用輕柔、施力較淺、緩慢的手法
體質壯實者	體質壯實突生急病	力道須重一點、深入一點、速度快一點且要逆（反）著經脈撥筋

Q3 撥筋後需要休息嗎？可以馬上起身上班或做其他事嗎？

A 撥筋後是需要休息的。

傳統中醫、五行學說認為五臟六腑各有所屬（詳見下頁圖），肝屬木，長期熬夜或睡不好，都會影響肝臟排毒功能變差，連帶影響屬土的胃，木（肝）會剋土（胃），所以胃方面就容易有問題，胃不好不能生氣血，身體便會變得虛弱；必須要有木來生火，才有動能，但火如果太過，則會產生心過熱等症狀，例如心過熱、心熱上火，致心情煩燥，而生失眠、心悸、健忘等毛病。

中醫主張「肝藏血」，意即我們的肝臟負責儲藏和調節全身血液，當肝臟得到血液滋養，身體細胞就會修復。請記得，身體只有在躺臥休息的狀態下，血液才會回到肝臟並儲存起來，等身體開始活動後，血液又會輸送至全身，供給各處需要。

除了「藏血」外，肝臟也具有過濾和排除毒素的功能。當身體過於勞累時，會產生很多毒素，如果這時肝臟沒有獲得充分休息，沒有足夠的血液滋養，毒素又一直分泌和累積著，肝臟的負荷量就越來越大，過濾和排毒的功能就會越來越差。

所以撥筋後要好好休息，才能讓辛苦工作的肝臟獲得良好的休息及幫助身體復原，尤其剛撥完筋的人都會想睡覺，這表示身體正在放鬆，亦即身體需要休息。建議平躺下來，好好睡個覺，讓血液有時間回到肝臟得到濡養。

如果撥筋後無法馬上休息，建議先閉目養神10～15分鐘。這個小片刻，會有很大的加分作用，你會發現歇息過後，眼睛變得很明亮，氣色也變得很好！

五行與臟腑的關係

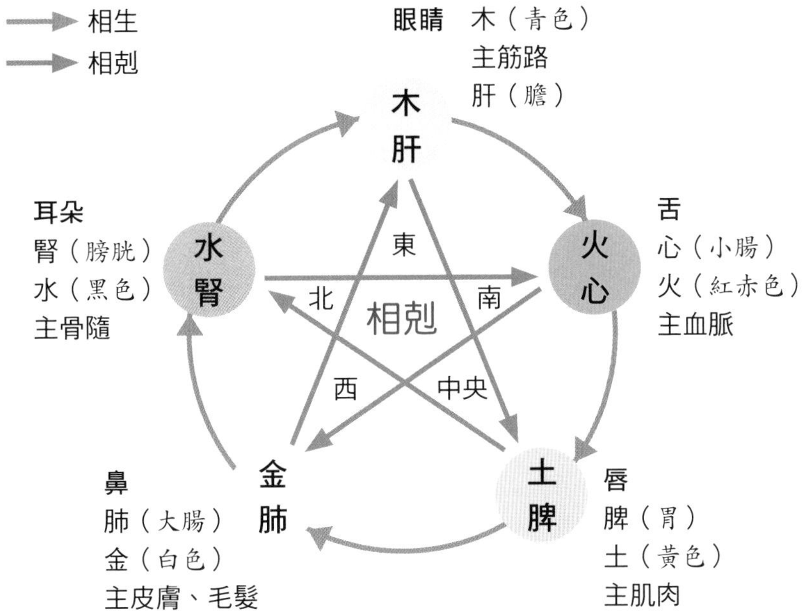

五行	五臟		六腑		五官	五體	五味	五色
木	肝	儲藏血液大倉庫	膽	中清之府，主決斷之中正器官	眼	筋	酸	青
火	心	生命活動發源地	小腸	分別清濁，主化物的受勝之官	舌	血脈	苦	赤
土	脾	營養物質供給站	胃	府熟水穀，主納的倉廩之官	口	肉	甘	黃
金	肺	出納空氣大本營	大腸	傳泄糟粕，主變化的傳導之官	鼻	皮毛	辛	白
水	腎	儲藏機器儲藏室	膀胱	儲藏津液，主氣化的州都之官	耳	骨	鹹	黑
心包，心的外衛，保護心臟不受病邪侵犯			三焦	疏通水道，主氣血周流決瀆之官				

做好「肝藏血」，健康不遠

根據中醫理論，水生木，肝血來自於腎，水（血）來自心臟，流到腎過濾後，送回心臟，再送到肝臟儲藏。肝是調節情緒的臟器，情志不和諧、常動怒都會造成肝氣瘀滯，常為肝經撥筋按摩，調理抒發情緒，有助於排除肝臟毒素。

此外，**凌晨1～3點**是肝經運行的時間，這段時間熟睡，讓肝臟獲得血液充分的滋養，不僅可以幫助肝臟排毒，對於骨髓造血也有幫助。人體氣血流暢，就會精神飽滿健康，相反地，就會萎靡不振，容易生病。那麼，如何做好「肝藏血」？讓肝臟獲得血液的滋養，全身氣血流暢呢！

Step1 維持正常的生活作息

- ☑ 凌晨1～3點一定熟睡，不熬夜。
- ☑ 每天早睡早起。
- ☑ 每天固定運動與拉筋30～40分鐘至流汗。
- ☑ 每月安排一至二次戶外活動，親近青山綠水。
- ☑ 多唱歌、多聽音樂，少看負面新聞。
- ☑ 保持身心愉快。

Step2 補充適當而充分的營養

- ☑ 不要吃垃圾食物、加工食品、冰冷飲食。
- ☑ 多吃深綠色的蔬果，如春天的韭菜。
- ☑ 營養要均衡，每天攝取多樣化、各種顏色的天然食物。

Step3 肝臟保健按摩

- ☑ 以雙手搓揉按摩**脅肋上腹兩側**。此為肝經循行路線，有期門、章門兩個保健穴道，可疏肝解鬱。

Q4 撥筋的時間，有沒有早上、中午、下午和晚上的限制？

A 除了中午和晚上時間要特別注意之外，其他時間都沒有撥筋的限制。

根據中醫經絡理論，中午11點到下午1點心經運行，只適合休息，並不適合做任何按摩、經絡導引或激烈運動等，因為以經絡學來說，這段時間剛好是陰陽交換的時刻，「陰要逆轉，陽要順轉」，若進行按摩、撥筋，「氣」便容易逆行，可能造成氣虛，使心亂、情緒不穩，感覺不舒服；或導致心氣旺，卻又會過度急躁。

五臟之氣中，心氣最重要，所以一定要養護好我們的心氣。心氣不足，就覺得心慌，氣不夠用；心氣若過於旺盛，則亢奮、容易煩躁、失眠、多夢、舌尖刺痛、尿黃等。保養心氣要放慢和靜心，因為生活和工作節奏快了，心氣容易耗散。

一日之中，最適宜做撥筋的時間是下午2～5點、晚上8～10點及飯後1～2小時，方可撥筋。至於晚上，則要看每個人的身體反應，例如晚飯後做撥筋，做完之後，精神會變得亢奮、睡不著，有這樣反應的人，就不適合在晚上做撥筋。

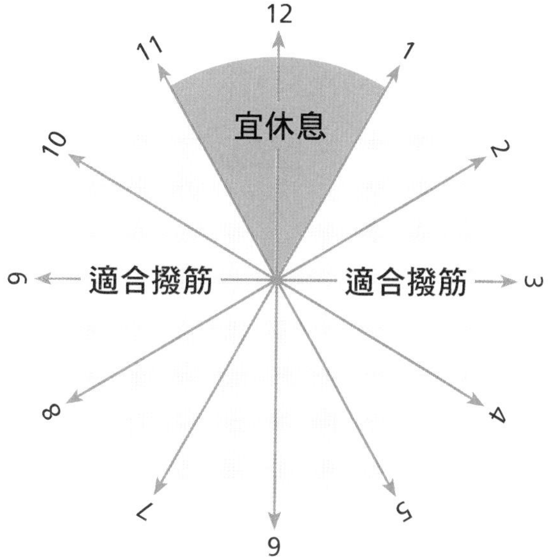

Q5 撥筋後，可以馬上進食嗎？飲食上需要注意什麼？

A 飲食宜溫熱，忌生冷，並且有三項原則一定要堅守：

☑多喝溫熱開水。

☑不可馬上吃生冷飲食。

☑吃過溫熱的食物後，不要再吃冰冷的飲食。

所謂「生冷飲食」包括生的、涼的和冰的食品，如新鮮水果及未經烹調的蔬菜、肉類，從冰箱取出的涼水、涼拌菜、熟食、甜品、飲料和冷凍食品等都屬於生冷飲食。

但也不是說完全不能吃生冷飲食，請守住一個原則，即中午以前的陽氣比較充足，若一定要吃生冷飲食的話，最好在中午以前吃，千萬不要過中午以後吃，也不要在晚上吃，譬如晚上吃西瓜就是一件很傷身的事。

生冷食物會造成濕氣積累體內

胃是容納外來一切飲食物的器官，也是消化飲食、維持五臟六腑營養的總倉庫，根據中醫理論，「胃」是在煮熟（消化）食物的過程中會產生能量，再由「脾」將能量運送到「肺，「肺」得到滋養以後，再將能量循環送到全身「百脈」。我們可以用「水壺煮水」的比喻來說明這個過程與狀態——胃就像個恆熱的水壺，當水（食物）在壺（胃）裡煮沸時，會產生熱氣，並往壺蓋方向推送。胃在煮熟（消化）食物時，也會產生氣並往上推，把煮熟（消化）的食物能量運送到全身。

當我們吃進溫熱食物時，胃的煮熟、氣化和運送的任務和過程就可以不停滯地自然完成。當吃進的是生冷食物時，因為無法馬上煮熟（消化）、氣化和運送食物，便形成了停滯，導致濕氣存在體內，造成健康問題——濕氣滯留在腸道裡，容易拉肚子；濕氣積存在肺裡，則痰多；濕氣積存在皮膚上，就產生水腫痠痛。我們的身體就像房子一樣，最怕濕氣，長期潮濕的房子，無論家具或牆面往往都容易損壞，而溼氣重的身體也較容易生病，更易有肥胖、水腫等問題，感覺不適。

濕氣會降低脾臟運化功能

食物精華是人體所需的營養物質，而脾臟是營養物質的主要供應器官，能運化和攝取水穀精微並將之運輸到全身各處，供應身體需要，維持正常生活。如果脾臟生病了，運化能力不足，就無法供應足夠的營養，往往會發生脘腹脹滿（腹脹）、飲食不思、營養不足、精神不振和肌肉消瘦的現象。另一方面，脾臟非但能轉化水穀精微，並且還能運化水濕，如果運化功能減弱，往往影響體內水分的輸送，例如：水濕滯留在肌膚內不能排泄，就會發生肌膚水腫的症狀，這是脾不運化的緣故，所以古人把脾臟比喻為五行中的「土」，用「土能生萬物」說明其功能，是很有意義的。

中醫認為「脾胃屬土」，土壤肥沃時，可以滋養生長萬物；土壤貧脊時，則無法孕育萬物。而脾胃就是身體的土，土壤不夠肥沃，身體就不夠強壯。所以，我們一定要顧好脾胃，不要給脾胃製造生冷的環境，也就是要避免吃生冷食物。此外，暴飲暴食也易造成脾濕問題，也應該避免。

Q6 什麼狀況可以自己撥筋？什麼時候需要別人幫忙？

A 只要是自己碰得到的部位，都可以自己來。

從頭到腳的正面部分，我們都可以自己做撥筋，不會有任何操作困難上的問題。但是，背部、大腿後面，因為自己無法操作，也摸不到穴位，所以需要別人協助。

Q7 在一般公共場合做撥筋，有無地點或環境的限制？

A 只要不會影響其他人或引發不好的感受，就沒有地點和環境的限制。

- **不會影響其他人感受的時、地：**比如選擇在公園樹下或乘涼的椅子上，或利用上班中午休息時在自己的桌旁，不會干擾其他人，這時就可以輕鬆做撥筋。
- **會影響其他人感受的時、地：**比如坐公車、搭捷運、餐廳等人多擁擠的公共場所，都有公眾場合的禮儀和姿態要考慮，就不宜做梳頭、腿部和足部的撥筋動作。

○ 適合撥筋的時間與地點	不適合撥筋的時間與地點 ✕
公園樹下或乘涼的椅子上	公車或捷運上
上班時的中午休息時間，在自己的位置上 ＊請避開中午12點～下午1點的時段	飯後，及在餐廳等公共場所
家中	上班時間，在無隔間的大辦公室裡

Q8 撥筋的次數、時間、力道和深度是否都關係到撥筋效果？

A 撥筋的次數多寡、時間長短都因人而異，也就是說，要看個人「需不需要」而定。

所謂「需不需要」是指，當身體有長期性僵硬和痠痛問題時，就需要撥較多次數、時間長一點、力道強一點、深度深一點，才可以撥到穴道，感受到撥筋的真正效果。

當個人身體很柔軟，平日沒有什麼痠痛時，撥筋是當平日保養用時，就不需要太頻繁的次數、長時間、強力道和深度。要注意的是，**撥筋以不傷害自己為原則**，太用力或反覆過度導致皮膚破皮和肌肉發炎等都是不鼓勵的。

經常使用3C者（如學生）	過度使用3C，眼睛容易使用過度，必須加強**眼睛**部位的保養，建議每隔2～3日做**臉部**撥筋。
生活緊張忙碌者（如上班族）	緊張、壓力、忙碌造成頸部容易僵硬，**頸部**需要經常保健，建議可以天天幫自己頸部撥筋，一天一次，每次約3～5分鐘。
體質虛弱者（如慢性病患者）	久病，身體自然虛弱，頭面部有八條經脈經過，身虛體弱者可每隔一日做**臉部**撥筋。若做得比較深入的話，則每週一次。
身體健康但突患急病者（如流行性感冒）	身體健康的人突然生病時，可視身體的承受度，撥筋力道可重點、深入點；如不適應，可先用舒緩的手法漸進地操作。如感冒，可對**肺經**、**肩窩**撥筋；若鼻塞，可對鼻子兩側（鼻淚管）位置撥筋2～3分鐘，至感覺較舒暢時即止。

Q9 如何挑選適合撥筋使用的潤滑劑？

A 適合撥筋用的潤滑劑可以分成一般隨手可得的保養品，和具機能性的撥筋霜。

單純的保養品只具有幫助撥筋棒滑動、避免摩擦傷害皮膚的作用，頂多具有保濕效果；但現在美容技術進步，早有專為撥筋設計的撥筋霜，加入不同的成分，如山藥、人參、精油等，具有活血、化瘀、美白、行氣等不同作用，使用者可視自己的需要選擇使用。

適用於撥筋的潤滑劑

分類	作用	產品 ○
一般保養品	可隨手取得，具有滑動、保濕的效果	如眼霜、保濕霜
機能性撥筋霜	★**山藥成分**：具行血、化瘀、軟筋功能 ★**玻尿酸成分**：有美白、保濕的效果 ★**精油成分**：如薰衣草精油，有放鬆作用 ★**鍺或人參成分**：可聚氧氣、行血，讓血液流動比較順暢	如山藥、玻尿酸、薰衣草、精油、鍺、人參等機能性撥筋霜

不適用於撥筋的潤滑劑

分類	作用	產品 ✕
會產生辣熱感的潤滑劑	多用於消脂減肥，對皮膚太刺激，至多只可適量使用於腹部、大腿，其他部位萬萬不可，尤其臉部皮膚和眼睛附近只要抹上一點點，就會感覺非常不舒服	如辣椒霜
會產生清涼感的潤滑劑	撥筋的作用就是要釋放肌理內的溼熱，藉由皮膚毛細孔排出體內的濕熱，一旦擦上清涼性霜類，會把肌理和毛細孔給收緊，反而代謝不出原本積存在體內的濕熱	如薄荷腦、綠油精、萬金油、白花油等

Q10 哪些人不適合做撥筋？或可做撥筋時，應該注意的事項？

A 懷孕未滿3個月或從沒做過撥筋的孕婦、有皮膚病或傷口者、剛做過手術的病人最好不要撥筋，糖尿病與心血管病人做的時候則要特別注意撥筋的力道與走向。

- **懷孕中的女性，若有下列三種情況，不可以撥筋：**

  (1)**懷孕未滿3個月**：懷孕前有按摩習慣的女性，懷孕3個月後，可以撥筋，但未滿3個月前不可以。就像舞者和運動員，懷孕前的日常活動就是跳舞和運動，懷孕3個月後，也可以照常跳舞和運動的道理一樣。

  (2)**從來沒有按摩經驗的孕婦**：如同平常不跳舞或不運動的女性，懷孕時連走路都要小心，更不可隨意跳舞或運動。

  (3)**孕婦的肩頸部位**：孕婦不可拍肩膀，以免造成驚嚇，易造成子宮收縮，傷害到胎兒，造成流產。

- **皮膚病或傷口未癒合的人，尤其剛手術過後的病人**：有皮膚病或傷口還未癒合的人，不可撥筋，因為怕傷口感染引起發炎。至於剛動過手術的病人，其細胞需要修復，所以剛開完刀也不適合撥筋，須等2～3個月後，才可以撥筋。

- **糖尿病患者**：因末梢循環較不好，若有傷口不易癒合，所以撥筋的力道宜舒緩。

- **血壓偏高的人**：撥筋是為了疏通經脈，讓氣滯不好的物質跟著經脈方向帶出，做頭部撥筋時，要由下往上做，將氣阻瘀滯從頭頂的百會穴並配合拉髮（詳見第85頁）動作排出。

- **有心血管疾病的人**：有心血管疾病的人頸部的血管較脆弱，若使力不當，會造成血管壁剝離而中風，所以撥筋時要特別注意撥筋的方向。

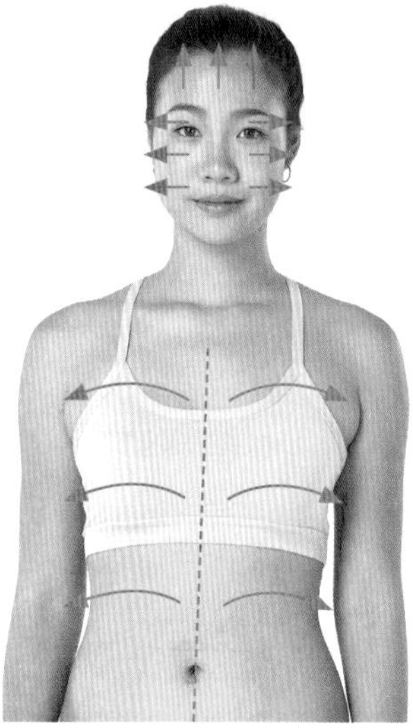

(1)**幫身體撥筋時**，要順著淋巴方向撥，從身體中線往兩側方向進行，把廢水、氣阻從淋巴代謝掉。

(2)**做臉部撥筋時**，要由內往外、由下而上方向進行。

◀有心血管疾病者，撥筋時要特別注意方向，身體要由中間往兩側，臉部則要由內而外、由下而上。

這些人**不可以撥筋**

孕婦	懷孕未滿3個月	從未被按摩過	肩頸部位
皮膚病患者	剛開完刀的病人	有傷口尚未癒合者	

這些人撥筋時要**特別注意方向**

血壓偏高的人　糖尿病患者　心血管疾病患者

蕭老師的保健秘招——梳髮＆拉髮

我們的頭部有許多重要穴位及四條經脈通過，正確的梳髮能有效刺激這些經穴，具有養生保健的作用。

梳髮

1 一手按住頭髮，一手握住梳子從額頭中間髮際處以兩短一長的頻率經頭頂中央，往後腦髮際處梳，重複3回合（1回合＝7次）。

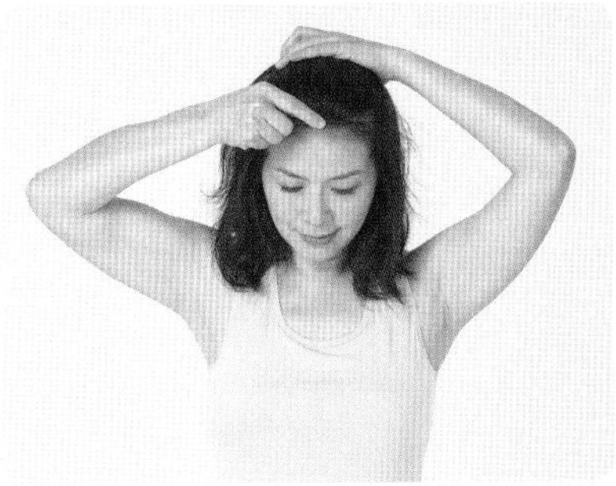

2 梳完中線，分別從左右旁開兩指、四指的髮際處，以兩短一長、兩重一輕的頻率自前額沿著頭頂往後腦髮際處梳，重複3回合。

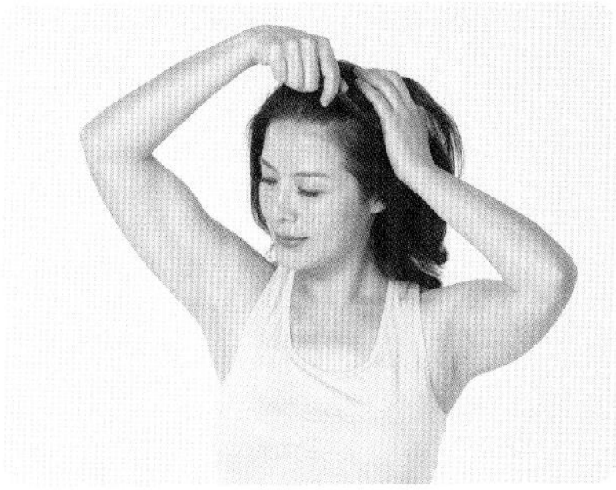

＊請注意：齒梳從頭到尾都要與頭皮貼合，並盡量保持45°。

拉髮

手指張開，指頭沿著頭頂穿過髮根，雙手抓滿頭髮往上提拉，直到頭皮感覺有壓力。將全部頭髮都提拉過一遍即可。

Q11 皮膚過敏的人，可以撥筋嗎？

A 皮膚過敏的當下是不可以撥筋的。

有些穴點，如 1 尺澤穴、2 曲池穴、3 肩髃穴，經過撥筋刺激，可以改善和減緩皮膚過敏的症狀。在這些穴點的周圍，約銅幣大小範圍內，加以撥筋，具有改善皮膚過敏的效果。

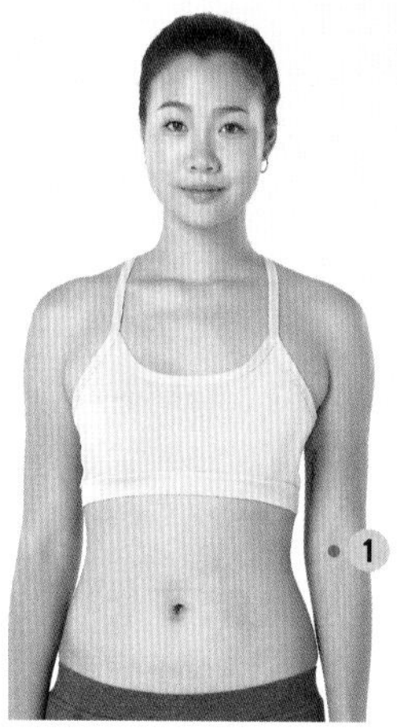

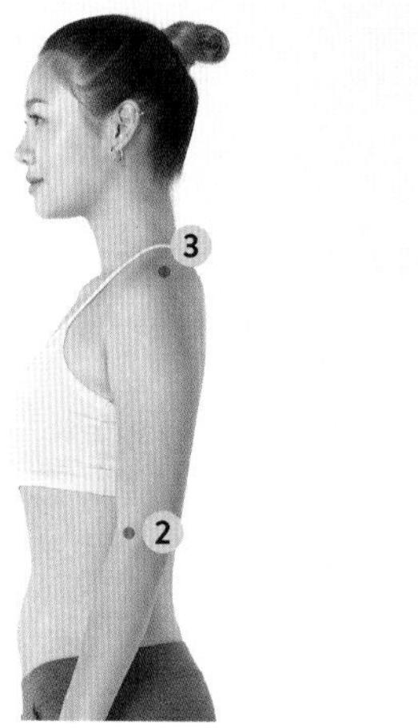

可改善皮膚過敏的穴道

經脈	穴道	作用
肺經	尺澤穴	改善支氣管炎、支氣管哮喘、肺炎、咳嗽、皮膚搔癢或乾燥、肘關節內側疼痛。
大腸經	曲池穴	改善感冒、高血壓、皮膚病、發熱、中暑、上肢痛、眼疾、牙痛、濕疹。
	肩髃穴	改善一切皮膚的病症，及五十肩、腕痛、手部麻痺、癮疹（風疹的一種，心火大克肺金、肺衛疏散失調，皮膚受到風、濕侵襲，忽隱忽現凸起的紅色疹瑰，會癢）

Q12 女性在月經期間可以撥筋嗎？

A 可以。月經期間做撥筋，可以幫助活絡經脈。

其實，月經來的前後都可以撥筋按摩，不僅可以活絡肌肉與經脈，也能幫助經血排得順暢、乾淨。

曾有一位學撥筋的學員，她的女兒因為超過經期時間好幾天還是沒來，她上課時曾學到幫臀部後面、脊椎兩旁膀胱經的八髎穴撥筋，可以改善婦科，於是她就試著幫女兒撥臀部上的八髎穴，結果第二天早上，月經就來了。這表示經脈不暢、腹寒會影響經期，經過撥筋按摩後，肌肉與經脈活絡了，經期就會正常，所以我們要給一點助力，讓腹部及經脈活絡起來。

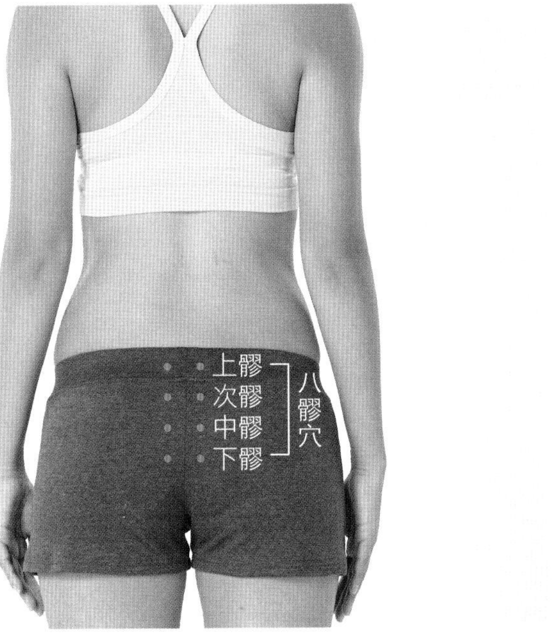

▲平常多保養八髎穴，可以增進生殖及泌尿系統的功能，並能調整經期，幫助提高生育力。

Q13 閃到腰時，可以找什麼穴位撥筋處理，會比較快好？

A 請先背誦「腰背委中求」的口訣。所謂「腰背委中求」，是指跟腰痠背痛相關的問題，都可以找委中穴幫忙。

閃到腰的當下，可藉由委中穴撥筋處理，改善疼痛。委中穴在膝正後方的正中間處（膕窩），此處是一些軟組織，用力不當，容易受傷，所以在操作時要小心施力，不可用太尖銳的東西刺激，以免傷害到軟組織。

委中穴這個部位的肌肉，正常時是平順柔嫩的，若是有比較突起又硬的話，即表示背部和腰部有問題。我們可以藉由這個觀察，加以撥筋保養，以保護強健自己的腰背。

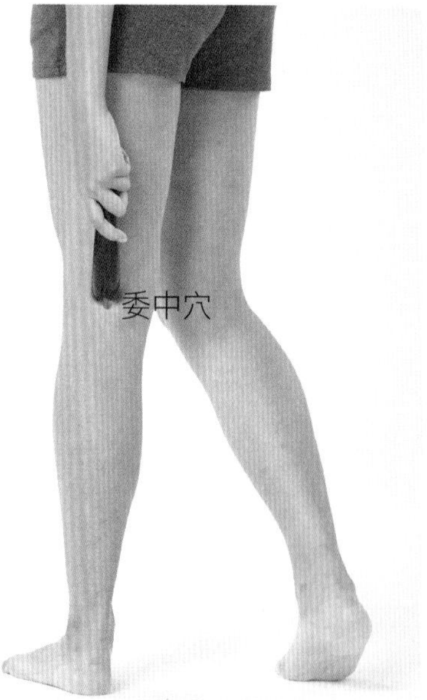

用撥筋棒或大拇指慢慢往下壓委中穴約10秒放掉後停10秒再壓，可反覆6～7次，進行3～6組動作，可舒緩腰背部的疼痛。

抱膝運動解救閃到的腰

閃到腰時，除了對委中穴撥筋，還可以做「抱膝運動」。

抱住雙膝、拱起身體時，肌肉就會呈現拉開狀態，能夠紓解背部肌群，緩解腰痛。

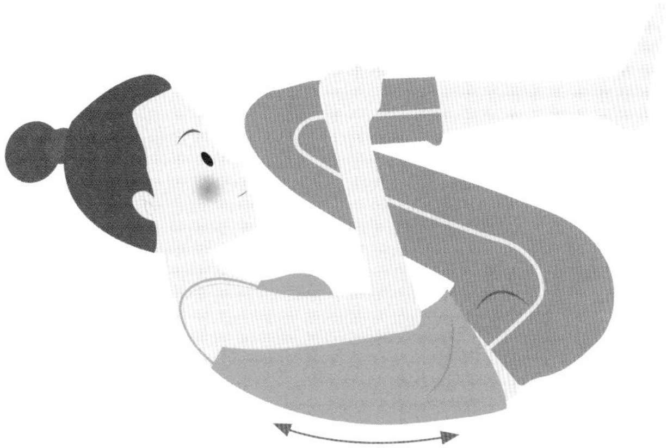

▲抱膝運動

步驟

1 平躺在地板上。

2 拱起身體，並抱住膝蓋。放鬆髖關骨周圍的肌群。

3 將身體前後搖晃20下為1個回合，要做3個回合。透過滾背，按摩脊椎。

注意事項▶操作時不要過度勉強自己，以自己可以接受的力道與次數、角度進行。

Q14 透過撥筋，可以矯正骨盆、脊椎歪斜和長短腳嗎？

A 理論上可以，但需要輔助工具，效果會較好。

骨盆為什麼會出現歪斜？是因為人體兩邊肌肉僵硬、不平衡的拉扯，造成骨頭歪斜。肌肉拉扯後，把脊椎拉歪了，脊椎歪斜會影響神經的傳達，造成痠、麻、痛等症狀，骨盆也會出現高低歪斜的問題，骨盆一歪斜，就會發生雙腳兩邊施力點不同、長短腳及腰痠背痛等問題。

此外，骨盆歪斜也會影響兩邊肩膀的高低，造成肩膀痠痛、頭痛等問題，嚴重者，連眉毛都會出現高低不同的狀況，臉也會有大小邊的情形，影響外貌美觀。骨盆歪斜的影響是全身性的，絕對不可輕忽！

骨盆之所以會有高低歪斜是因為肌肉被拉扯所造成，所以可以先對背部膀胱經進行撥筋，放鬆僵硬的肌群，並將臀部、大腿、小腿等部位的肌肉撥鬆後，再進行股關節矯正法，這是日本曦谷力學傳過來的方法，運用三條束帶綁住雙腳，以幫助骨盆、脊椎和雙腳歸位。

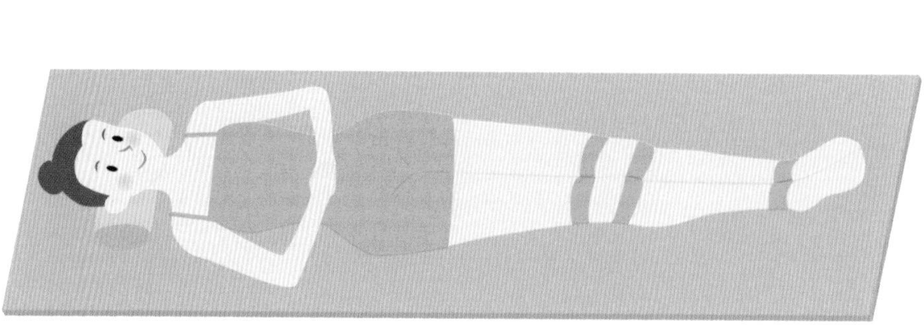

▲股關節矯正法。

Q15 撥筋後出現瘀血是正常的嗎？

A 這是正常的。

請想想看，身體痠痛多是長久積累下來的問題，體內有深層筋結硬塊阻礙了血液、營養輸送至表皮肌肉層，體液滯留，無法代謝，觀察皮膚、肌肉通常都缺乏光澤、欠缺彈性，好比水溝裡的水流不通，溝底一定積塞了許多污泥、穢物，只清除表層的污水怎麼可能改善阻塞現象？一定要清除深層的污泥，才能顯現清淤的效果。

撥筋是將體內瘀滯的筋結氣阻透過「撥」的方式帶出來。所以「撥」完筋後，難免會出現瘀血的現象。但撥筋後，因為氣血暢通了，所以經脈原本的壓迫、痠痛感會消失，只剩下表面的皮肉痛，2～3天後就不會痛了，代謝好的人，約2～3天，瘀點會消失，代謝較差的人約5～6天也會消失，請不用擔心。

撥筋後出現瘀血的原因

經絡氣阻，產生肌肉組織沾黏

肌肉和肌肉間有微血管，若有沾黏狀況，在把筋撥開的同時，一定會傷及這些微血管，難免會產生一些無形的傷口（沒有破皮的傷口），如同刮完痧後，皮膚會呈現或鮮紅或暗紅或紫色的瘀血色澤（在西醫就是指微血管破裂）。

舊傷產生的深層瘀滯

受過傷而瘀血沒有散開，就會形成深層的瘀滯，經過撥筋處理後，留在深層的瘀滯和硬塊被撥軟後，便會帶出瘀血的反應。沒有問題的肌肉群就算以同樣的力道與手法撥筋，有不會出現瘀血，反而是舒暢的。

Q16 撥筋時，感覺疼痛是正常的嗎？

A「不通則痛」。

感覺疼痛有兩種情況：一是筋絡不通，瘀滯所致；另一種是撥筋者的技術不夠純熟，拉扯到皮膚也會造成疼痛及瘀青的現象。

由於撥筋是直接「對症」、解決問題的一種方式，透過撥筋的工具及技巧，把痠痛的肌肉、硬塊組織鬆開、撥開，使其漸漸恢復成正常狀態。

剛開始撥筋時，硬塊經過處理，肌肉開始修復，會產生痠痛，這就是「感覺很痛」的原因。因此，撥筋完畢後，要再做順氣理肌按摩（詳見44頁），讓滯留的乳酸代謝速度加快，幫助復原，便可減輕疼痛感。

Part 2

不一樣的撥筋

養髮／養顏／養膚法

掃我看影片

造成麵包臉的
淋巴水腫

掃我看影片

大臉變小臉的
撥筋法

養髮護髮

本單元示範／林海兒

第1招 這樣撥筋梳頭髮最健康

撥筋功效
- 頭部舒壓，加強頭皮血氧循環。
- 幫助落髮重生。
- 防止毛囊阻塞導致禿頭、掉髮。
- 令髮質變硬、變黑。

撥筋手法	划撥、橫撥、梳	適用工具	
執行時間	約15～20分鐘	建議次數	每一步驟3回合（1回合=7次）

中醫經絡學說：「頭為諸陽之會」，頭部為手之陽、足之陽經，六條陽經會聚之處，與百脈相通，「常梳頭可以明目祛風」，宜經常梳頭。梳頭可按摩經絡、刺激穴位、活絡經脈、舒壓、醒腦、安神，並加強營養輸送，有助於耳聰目明、增強記憶力、減少掉髮、避免白髮等。

關鍵經絡部位 & 穴位

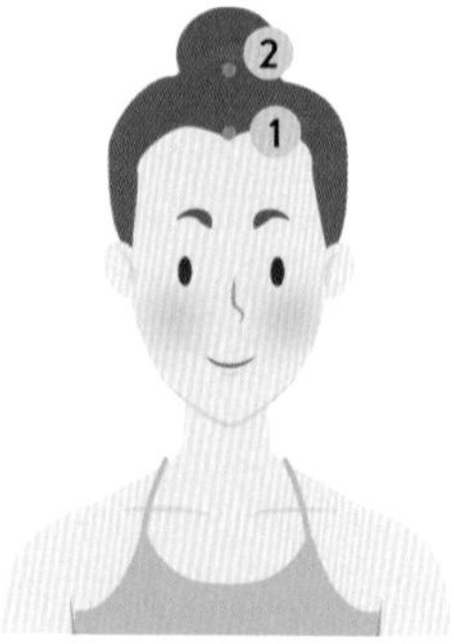

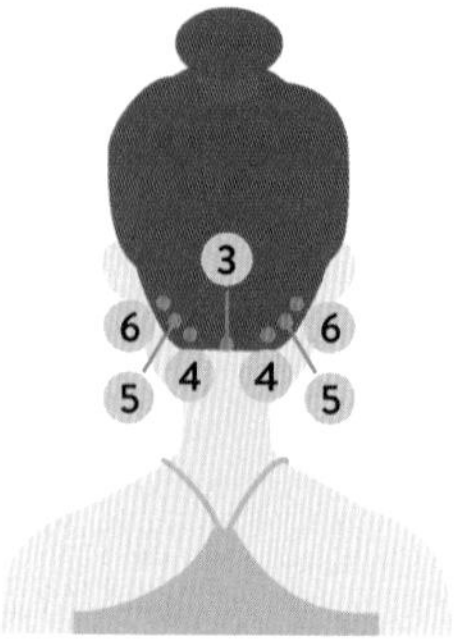

關鍵穴道

督脈：1神庭穴、2百會穴、3瘂門穴（啞門穴）　膀胱經：4天柱穴
膽經：5風池穴、6完骨穴

步驟示範

關鍵：撥筋前先抹霜。沿經絡走向垂直划撥，關鍵穴點加強撥筋。

Step1

沿髮際線橫撥3圈（從額前繞到後頸，再從另一邊繞回來，如此算1圈）。

Step2

從前額中間髮際位置（❶神庭穴）順著頭頂（❷督脈百會穴）向後腦划撥到髮際線邊緣，並以工具對前額中間髮際位置及後腦中間髮際位置（❸瘂門穴）往上推頂，重複3回合。

Step3

從前額沿著頭頂中線（❶督脈）及每間隔2指處（❷膀胱經、❸膽經）往後腦髮際線划撥，並以工具對後腦枕骨位置（❹天柱穴、❺風池穴、❻完骨穴）往上推頂，重複3回合。完成後，換邊重複相同動作3回合。

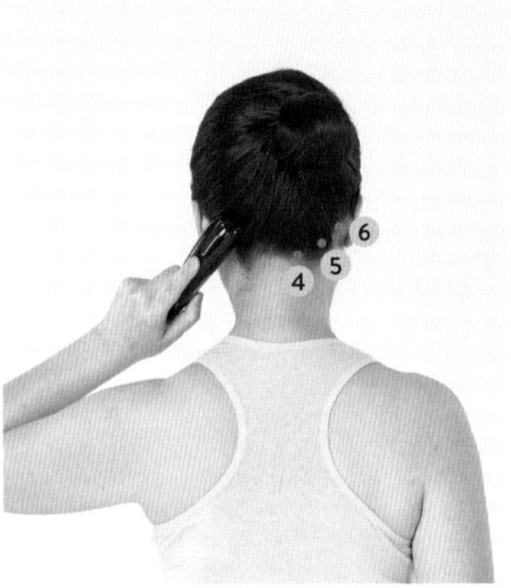

Step4

撥筋結束，進行梳頭及拉髮各1回合（詳見第85頁）。

蕭老師隨堂重點摘要

撥筋按摩後多久才可以洗髮？這是我很常被問到的問題。撥筋的原理與刮痧相同，都是經絡按摩，所以做完撥筋後，我們身上的濕熱火會透由皮膚上的微血管排出，這時身上的毛細孔是張開的，如果馬上洗頭，寒濕很容易再進入人體內，造成風邪入侵，因此建議撥完筋1個小時後再洗髮較佳。

頭頂中央或枕骨處撥筋時，力道宜輕！

幫頭部撥筋時，手法力道宜平穩、輕柔，不可太重。尤其是頭頂中央及後腦枕骨處：

- 後腦枕骨處有督脈的**瘂門穴**（啞門穴）與**風府穴**，是兩條椎動脈交會合成腦底動脈處，撥此處時應小心謹慎，不可太深入按摩，以免造成傷害。
- 頭頂中央的**百會穴**（百脈之會）與手掌中心**勞宮穴**、腳底的**湧泉穴**同為人體火氣三大出口。頭部撥筋可以百會穴為火氣出口處，划撥至百會穴時，力道宜輕，不可太重。

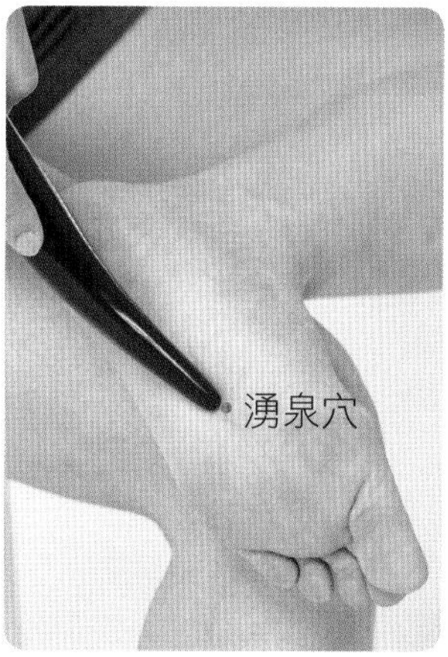

養髮護髮

第2招 這樣撥筋改善灰白髮（烏黑亮麗）

撥筋功效

- 放鬆頭皮，順氣排毒。
- 活化頭皮經絡。
- 幫助營養送達頭皮，潤澤髮絲。
- 改善掉髮、稀疏、白髮、沒光澤。

撥筋手法	划撥、梳	適用工具	
執行時間	約15～20分鐘	建議次數	每一步驟3回合（1回合＝7次）

遺傳、壓力、紫外線、菸酒、熬夜及甲狀腺疾病、營養失衡、白化症等都可能導致頭髮變白，而飲食均衡、睡眠充足、減輕壓力、適時補充綜合維生素都是預防白髮的良方。不少有白髮困擾的人經常染髮或看到白髮就拔，但拔掉後長出來的仍是白髮，因此不建議拔白髮，最好從生活中改善白髮問題，若須染髮則選擇好的天然染劑，染髮時染劑小心不要碰觸頭皮，以免過敏。

關鍵經絡部位 & 穴位

關鍵穴道

督脈：1神庭穴、2百會穴、3腦戶穴、4風府穴、5瘂門穴

膀胱經：6天柱穴、7腎俞穴

膽經：8完骨穴、9風池穴

腎經：10太溪穴、11湧泉穴

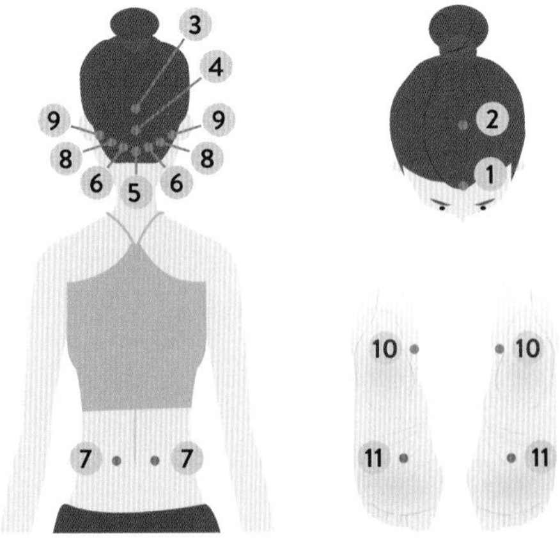

步驟示範

關鍵：撥筋前先抹霜。先推頂後腦枕骨，再划撥頭部經絡，關鍵穴點加強撥筋。

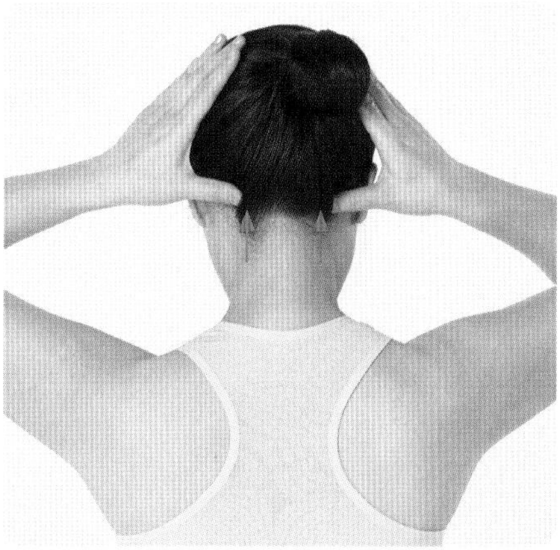

Step 1

以雙手拇指分按在兩側後腦枕骨下方的凹陷處（風池穴），一起向上推頂，重複3次。

Step 2

從前額中間髮際位置（❶神庭穴）順著頭頂中線（❷百會穴、❸腦戶穴、❹風府穴、❺瘂門穴）向後腦划撥到髮際線下方，重複3回合。

Step3

沿著頭頂中線（①督脈）每間隔2指處（②膀胱經、③膽經）往後腦髮際線划撥，並以工具沿著後腦枕骨（④天柱穴、⑤風池穴、⑥完骨穴）往上推頂，重複3回合。完成後，換邊重複相同動作3回合。

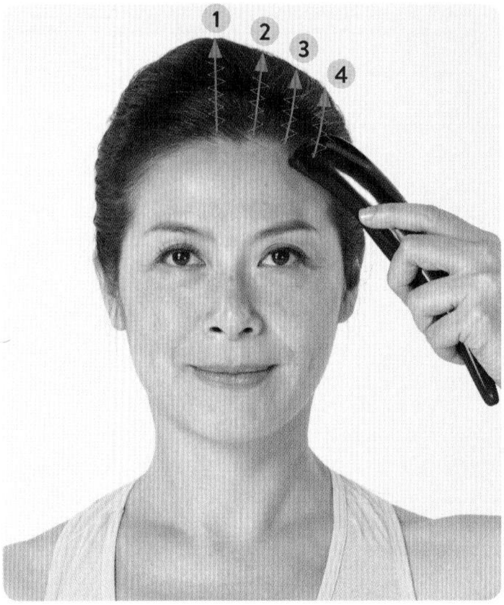

Step4

以工具對正後腰、脊柱兩旁凹陷處位置（腎俞穴）划撥，重複3回合。完成後，換邊重複相同動作3回合。

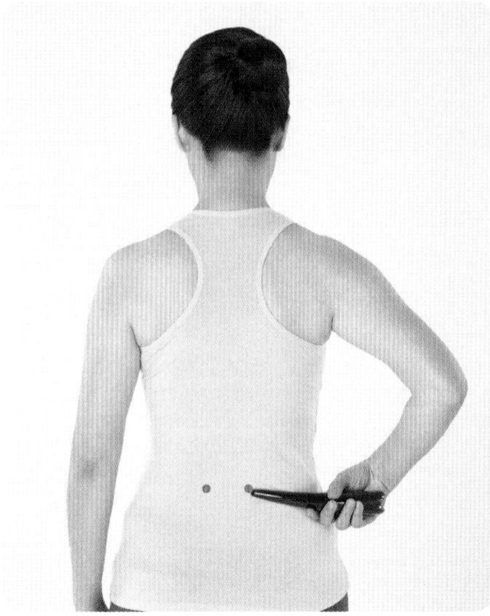

PART 2 不一樣的撥筋養髮／養顏／養膚法

Step5

坐下，一腳抬起放在另一腳大腿上，足內側朝上，以工具對足內踝後凹陷處（1 太溪穴）加強划撥後，再垂直划撥至足底正中心（2 湧泉穴）並對此處多划撥幾下，重複3回合。完成後，換邊重複相同動作3回合。

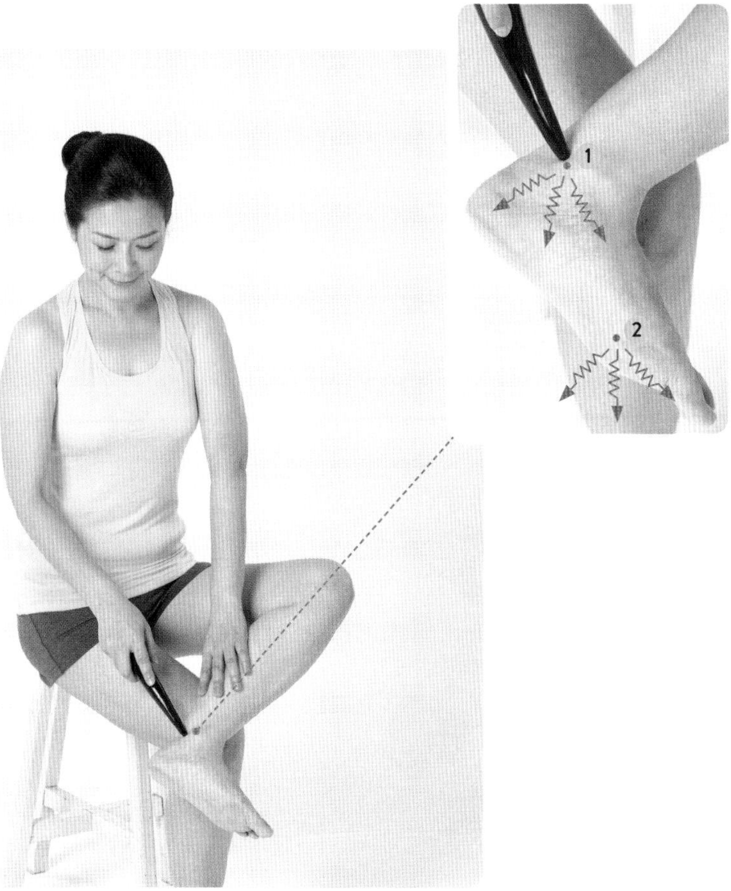

Step6

撥筋結束，進行梳頭及拉髮各1回合（詳見第85頁）。

蕭老師隨堂重點摘要

中醫經絡學說認為「腎氣入腦」，腎氣不足會反應在頭髮上，所以補腎對頭髮是有幫助的。

前額白髮

成因：心理壓力引起脾腎虛弱。

食療：白茯苓、淮山、葛根各15克，加入冷開水，一起加熱調成糊狀當早餐吃。

作用：調養脾胃，增進氣血、營養。

兩鬢白髮

成因：過勞、壓力、早熟易引起兩鬢霜白。

食療：黑芝麻炒香磨粉250克、何首烏（可代換為黑豆及黑桑椹）焙乾磨粉250克，拌勻。每次取30克，沖開水服用。

作用：補肝腎，助肝臟藏血、肝膽調暢，具烏髮效果。

後腦杓白髮

成因：腎臟功能減弱。

食療：核桃仁炒香磨粉15克、芡實粉15克、炒香黑米30克，一起煮粥。

作用：具溫補作用，可固精健腦、脾胃雙補。

頭頂正中央白髮

成因：肝血不足。女性可能提早更年期。

按摩：按撥太溪穴1分鐘，直接對應頭髮。

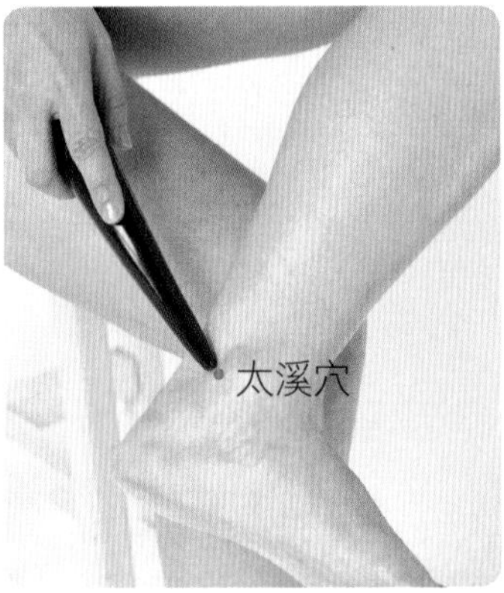

食療1：黑桑椹30克、女貞子15克加水350cc同煮，當茶飲用。

作用：涼性清補，可補肝腎、烏髮、降脂、潤腸排便、抗衰老。

食療2：熟地3片、洛神花3朵、黃精3片加水350cc同煮至滾，作為茶飲。

作用：可補腎、鎖住營養，並降血壓、膽固醇、三酸肝油脂。

養髮護髮

第3招 這樣撥筋改善頭皮屑（清爽自在）

撥筋功效
- 撥開深層氣阻與筋肌膜沾黏。
- 刺激頭皮與經脈，讓氣血順暢。
- 活化毛囊，平衡油脂分泌。
- 改善頭皮屑狀況。

撥筋手法	划撥、橫撥、點撥、梳	適用工具	
執行時間	約15～20分鐘	建議次數	每一步驟3回合（1回合=7次）

頭皮屑多的原因與營養不均衡、維生素不足、情緒緊張、使用不適當的洗髮護髮品及藥物，或局部頭皮有黴菌、乾癬感染等都有關係。舉凡壓力大、經常熬夜、生活作息不正常、喜重口味、嗜菸酒，與常攝取高熱量、高脂肪飲食者；以及常常染髮、燙髮的人，都是易有頭皮屑。

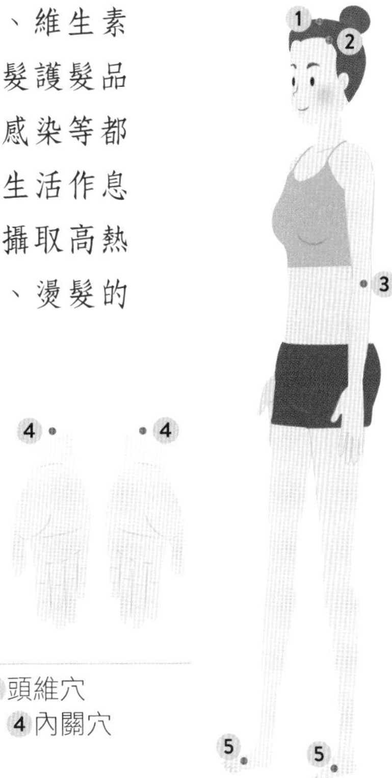

關鍵經絡部位 & 穴位

關鍵穴道 ▶
督脈：1 百會穴　胃經：2 頭維穴
大腸經：3 曲池穴　心包經：4 內關穴
肝經：5 太衝穴

步驟示範 **關鍵：**撥筋前先抹霜。對關鍵穴點加強撥筋。

Step 1

從前額中間髮際位置順著頭頂中線（百會穴）向後腦划撥到髮際線邊緣，並以工具對頭頂中間位置（百會穴）多划撥幾次，重複3回合。

Step 2

對一側額角（頭維穴）划撥1分鐘（或重複10次），再沿著髮際、耳前，向下垂直划撥（或橫撥）至鎖骨上方，重複3回合。完成後，換邊重複相同動作。

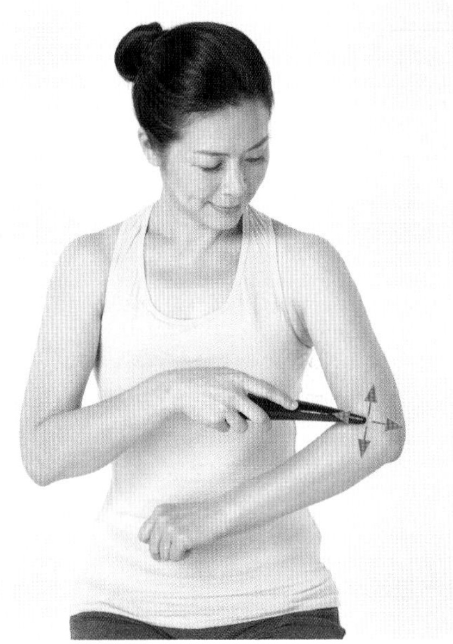

Step3

一手屈起，以工具對肘彎外側橫紋旁（曲池穴）做放射點撥1分鐘（或重複10次）。完成後，換邊重複相同動作1分鐘（或重複10次）。

Step4

一手舉起，手腕內側朝上，另一手持工具對手腕橫紋正中向上3指處（內關穴）加強划撥1分鐘（或重複10次）。完成後，換邊重複相同動作1分鐘（或重複10次）。

PART 2 不一樣的撥筋養髮／養顏／養膚法

Step5

坐下，一腳舉起放在椅上，以工具對腳背大拇趾及第二個腳趾中間的縫隙（太衝穴）加強划撥1分鐘（或重複10次）。完成後，換邊重複相同動作1分鐘（或重複10次）。

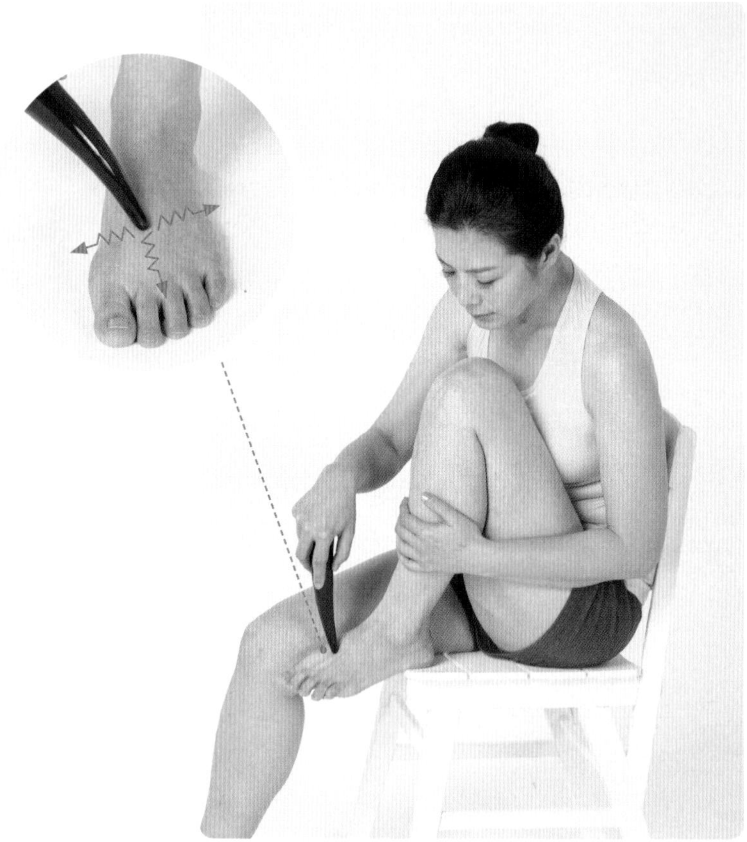

Step6

撥筋結束，進行梳頭及拉髮1回合（詳見第85頁）。

蕭老師隨堂重點摘要

改善頭皮屑問題要從飲食著手，再透過撥筋加強掃除頭皮屑：

- 如果頭皮屑是皮膚感染引起的，必須先治療皮膚問題後，再用撥筋保養。
- 肥甘油膩、辛辣厚味的食物及飲酒易導致脾胃運化失常、腸胃積濕生熱、濕熱蘊積皮膚，容易讓頭皮屑增多，因此有頭皮屑問題者，飲食上應避免油膩重味的食物。
- 每天撥筋梳理頭皮3分鐘，梳完後，梳子上都是油污，就表示把阻塞頭皮的氣阻與污垢油脂都梳掉了，如此連梳一週，可以有效改善頭皮屑問題。
- 頭皮容易出油也與膽的分解能力下降有關，早睡、睡眠充足、飲食少油膩，都可以減少頭皮的油脂分泌。

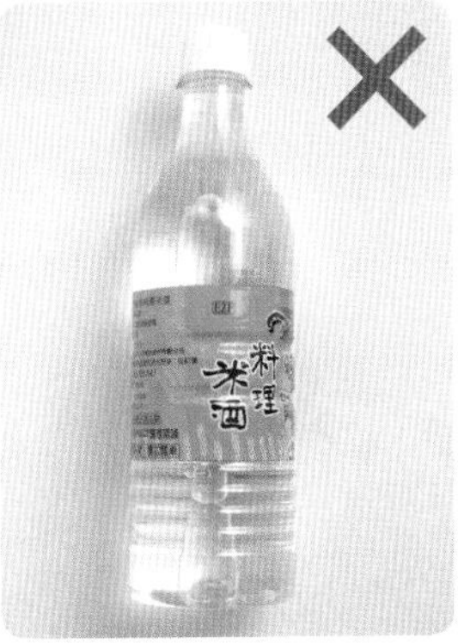

養髮護髮

第4招 這樣撥筋改善分叉斷裂（健康光澤）

撥筋功效

- 改善組織缺氧，增加供氧量。
- 加速排泄二氧化碳和氮的速度。
- 活化毛囊，加速營養吸收。
- 改善毛躁、分岔、斷裂的狀況。

撥筋手法	點撥、划撥、梳	適用工具	
執行時間	約15～20分鐘	建議次數	每一步驟3回合（1回合=7次）

除了養分不足、髮質太過乾燥外，過度整染燙是造成頭髮分叉、斷裂的主要原因。光剪掉分岔斷髮並不能解決這個問題，應該從頭皮健康與否到洗髮養髮開始治本才對，頭髮的主要成分是蛋白質，在飲食中豆類植物蛋白、瘦肉、蛋、海鮮類動物蛋白，都須均衡攝入。

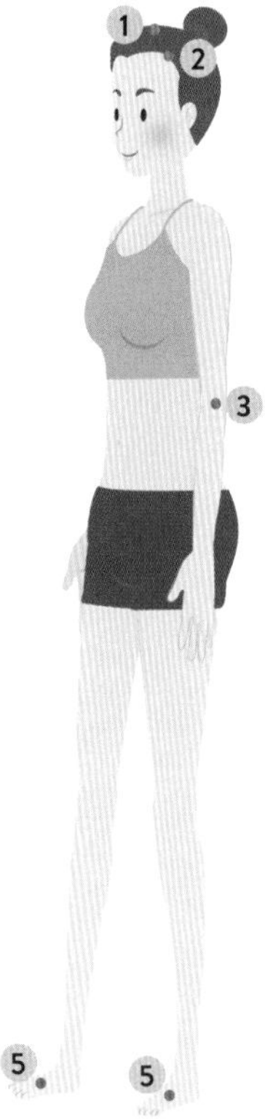

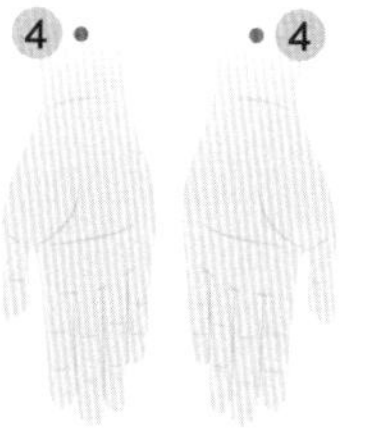

關鍵經絡部位 & 穴位

關鍵穴道 ▶

- 督脈：1 百會穴
- 胃經：2 頭維穴
- 大腸經：3 曲池穴
- 心包經：4 內關穴
- 肝經：5 太衝穴

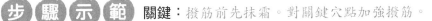

步驟示範 關鍵：撥筋前先抹霜。對關鍵穴點加強撥筋。

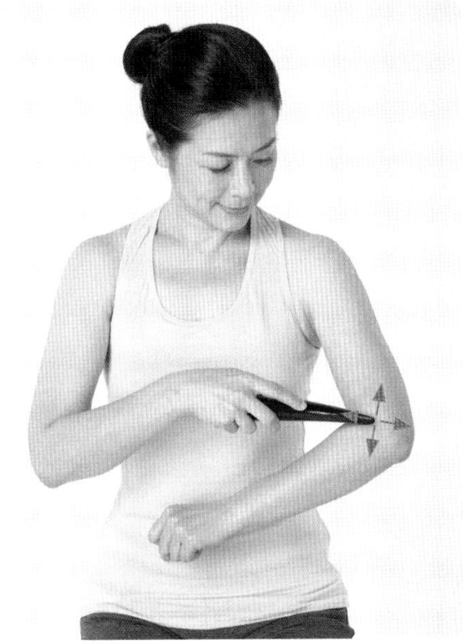

Step 1

一手屈起，以工具對肘彎外側橫紋旁（曲池穴）做放射點撥1分鐘（或重複10次）。完成後，換邊重複相同動作1分鐘（或重複10次）。

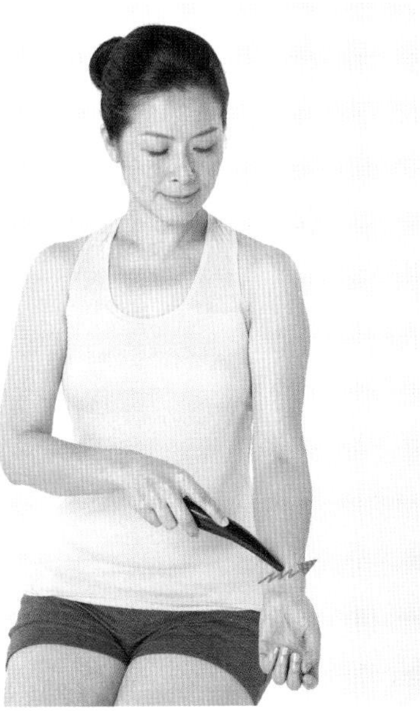

Step 2

一手舉起，手腕內側朝上，另一手持工具對手腕橫紋正中向上3指處（內關穴）加強划撥1分鐘（或重複10次）。完成後，換邊重複相同動作1分鐘（或重複10次）。

Step3

坐下，一腳舉起放在椅上，以工具對腳背大拇趾及第二個腳趾中間的縫隙（太衝穴）加強划撥1分鐘（或重複10次）。完成後，換邊重複相同動作1分鐘（或重複10次）。

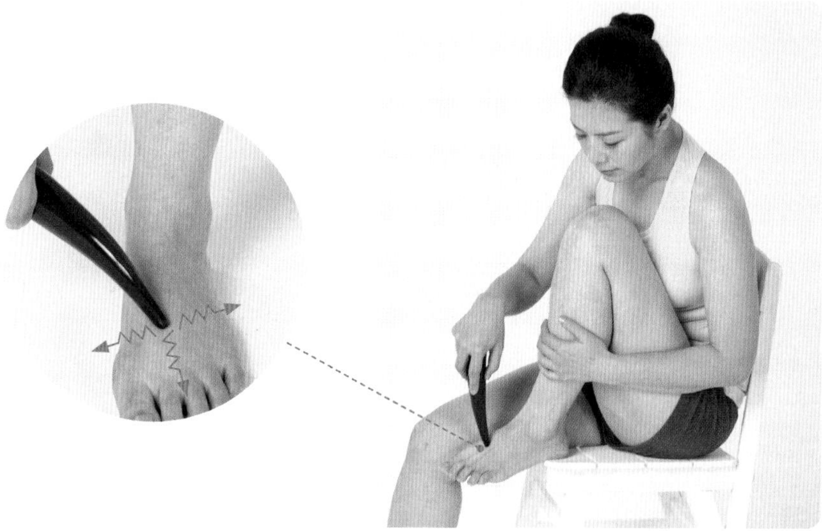

Step4

一手舉起，以工具對頭頂中央（百會穴）划撥1分鐘（或重複10次）。

Step5

對一側額角（頭維穴）重複划撥幾次，再循前額髮際、耳朵前面，垂直划撥（或橫撥）至鎖骨上方，重複3回合。完成後，換邊重複相同動作3回合。

Step6

撥筋結束，進行梳頭及拉髮1回合（詳見第85頁）。

蕭老師隨堂重點摘要

經常性地吹、整、染、燙，以及過度洗髮、營養不均衡都會引起頭髮乾燥、容易分叉斷裂的問題，這也是身體在警告你營養不夠，趕快補足身體需要的營養素，如維生素B_5、E等，包含豬肉、牛肉、雞蛋、魚類、豆類、綠葉蔬菜、堅果、糙米、牛奶、燕麥、地瓜等。

養顏護膚

本單元示範／莫宇潔

第1招 這樣撥筋重塑V型小臉蛋

撥筋功效

- 淨化排毒。
- 促進臉部排出多餘水分和老舊廢物。
- 緊緻臉部肌肉。
- 消除臉部浮腫。

撥筋手法	點撥、划撥、直撥	**適用工具**	
執行時間	約15～20分鐘	**建議次數**	每一步驟3回合（1回合＝7次）

隨著年齡老大，臉部皮膚難免會越來越鬆馳，加上長時間慣用一側咀嚼，或習慣咬口香糖，或喜吃堅硬的食物等行為都會讓臉變得越來越方，失去立體感，因此就需要幫助鬆弛的肌肉再度緊緻，並消除過度發達的咀嚼肌，拉出下巴的取縣，讓臉部線條柔順，就能恢復昔日的小臉蛋了。

關鍵經絡部位 & 穴位

關鍵穴道

三焦經：1耳門穴、2翳風穴
小腸經：3聽宮穴 、4顴髎穴
膽經：5聽會穴
胃經：6地倉穴、7大迎穴、8頰車穴
大腸經：9迎香穴

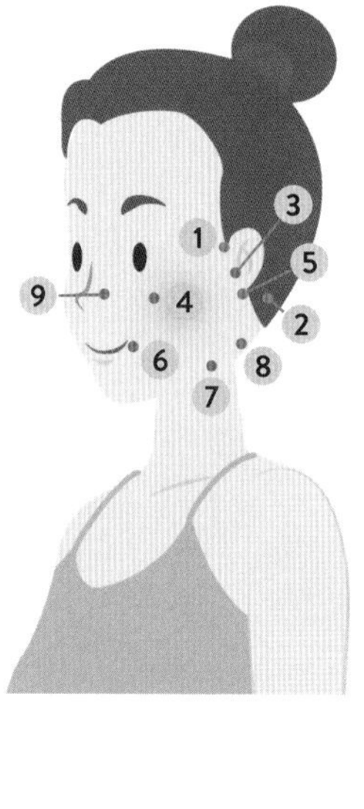

步驟示範

關鍵：撥筋前先抹霜。先開耳穴，撥筋時遇到關鍵穴點要加強撥筋。

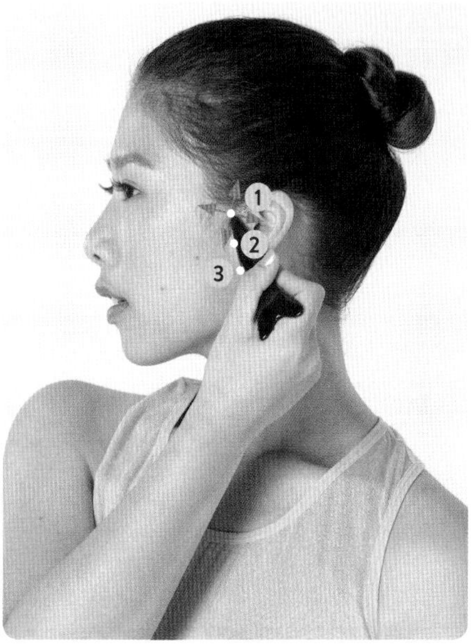

Step 1

嘴巴略開，以工具對一邊耳朵內側、靠近臉的位置（1 耳門穴、2 聽宮穴、3 聽會穴）從上而下，以定點撥筋方式幫耳朵開穴。完成後，換邊重複相同動作。

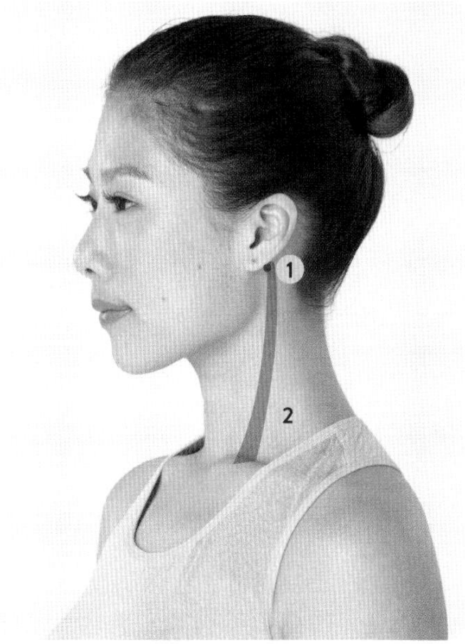

Step 2

從一側耳朵後面（1 翳風穴）沿著頸側肌肉（2 胸鎖乳突肌）向下划撥到鎖骨上方，重複3回合。完成後，換邊重複相同動作3回合。

Step3

自一側A嘴角（①地倉穴）沿著臉頰向外划撥到下頷骨位置（②大迎穴、③頰車穴）；B鼻翼旁（④迎香穴）划撥到顴骨下方凹陷處（⑤顴髎穴）、耳朵中間凹陷處（⑥聽宮穴）。

＊撥筋同時，另一隻手以指腹、掌心順著撥筋方向往外順氣而出，效果會更好喔！

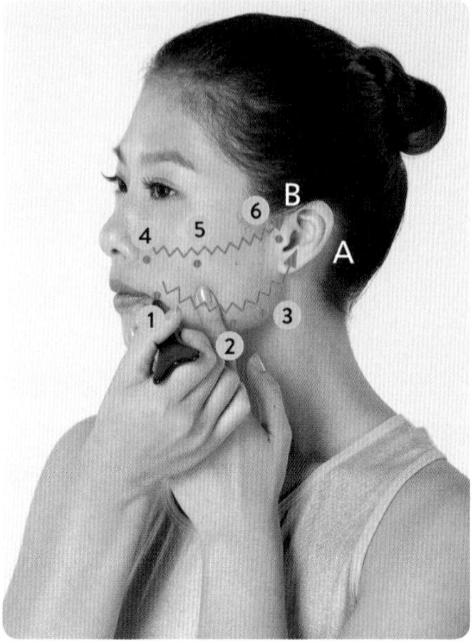

Step4

從下巴中線沿著一側下頷骨直撥至耳際，重複3回合。完成後，換邊重複相同動作3回合。

Step5

以雙手指腹從耳際下方往頸部、肩膀做順氣按摩，重複3回合。

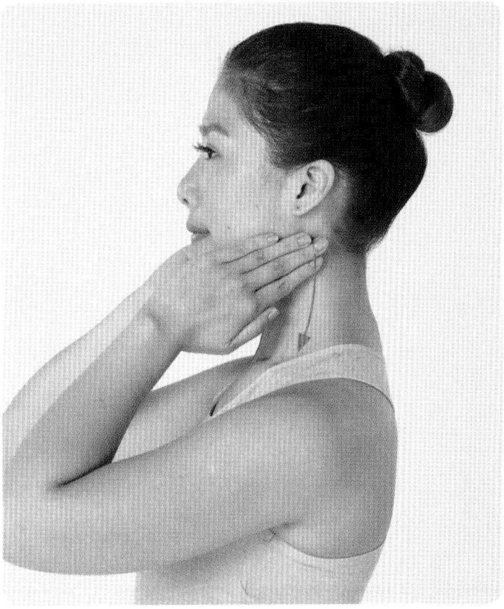

蕭老師隨堂重點摘要

我們的臉頰兩旁都有淋巴系統，延伸至全身，平日很少運動的人，淋巴液容易滯留體內，造成淋巴堵塞瘀滯，而透過撥筋可以按摩、疏通瘀塞的淋巴管，所以臉部撥筋必須順著淋巴走向操作，效果會更明顯。

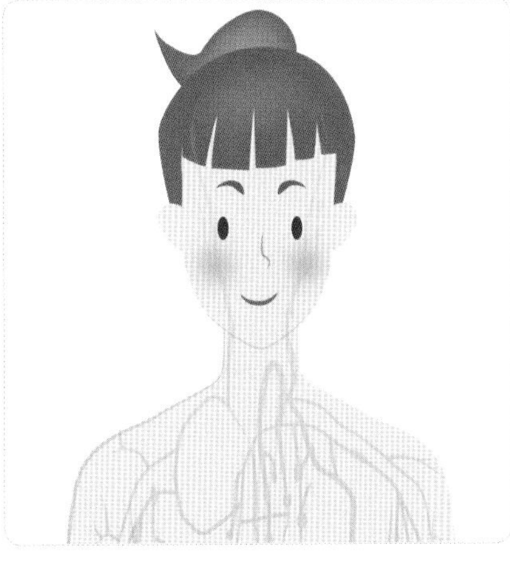

養顏護膚

第2招 這樣撥筋恢復粉嫩蘋果臉

撥筋功效

- 改善氣血循環。
- 改善臉色蒼白蠟黃或泛青。
- 精神飽滿，神采奕奕。
- 擁有自信，不用化妝就水噹噹。

撥筋手法	划撥、螺旋撥	適用工具	
執行時間	約15～20分鐘	建議次數	每一步驟3回合（1回合=7次）

臉頰像紅蘋果一樣天然粉嫩是每個女人的夢想，擁有良好的氣血循環，才能由內而外地散發出紅潤的膚質與光澤。長時間待在冷氣房、睡眠不足、缺乏運動、生活作息和飲食習慣不佳、貧血、血液循環不好等都會影響臉色，雖然彩妝可以稍加遮蓋，但唯有讓臉部穴道經絡暢通，才能由裡到外恢復好氣色。

關鍵經絡部位 & 穴位

關鍵穴道
- 小腸經：1 顴髎穴
- 奇穴：2 太陽穴

步驟示範

關鍵：撥筋前先抹霜。顴髎穴為美容保健穴，加強刺激，可促進臉部血液循環、氣色紅潤。

Step 1

進行搓耳保健操1回合（詳見52～53頁）。

Step 2

對顴骨下方凹陷處（顴髎穴）划撥1分鐘（或重複10次）。完成後，換邊重複相同動作1分鐘（或重複10次）。

Step 3

從下巴中間由下而上、由內而外，螺旋撥至額側凹陷處（太陽穴），重複3回合。完成後，換邊重複相同動作3回合。

Step4

雙手摩擦至熱，以手掌、指腹上下搓臉，手勢往上加重、往下放輕，至臉部發熱。

Step5

以雙手指腹抵住額頭，上下推頂，至額頭發熱。

蕭老師隨堂重點摘要

冬天裡，氣溫低，上課時常常見到學員臉色蒼白、沒有血色，這是氣血循環不佳的緣故，建議可以時不時地幫自己做做「搓耳」的動作，可提升體溫，幫助頭臉的氣血循環，如此也比較不會覺得寒冷。

養顏護膚

第3招 這樣撥筋找回水煮蛋肌

撥筋功效

- 促進新陳代謝，加強肌膚活化。
- 消除氣阻和筋結，活化肌力。
- 恢復肌膚光彩。
- 讓臉色更紅潤。

撥筋手法	划撥、梳	適用工具	
執行時間	約15～20分鐘	建議次數	每一步驟3回合（1回合=7次）

皮膚在健康正常的狀況下會不斷地新陳代謝，汰除老死堆積的細胞，讓皮膚看起來光滑柔細，然而隨著老死的角質細胞慢慢堆積，角質層細胞的天然保濕因子及皮脂分泌減少，面臨失去彈性的問題，現在就讓我們動手找回Q彈緊緻的水煮蛋肌好膚質。

關鍵經絡部位 & 穴位

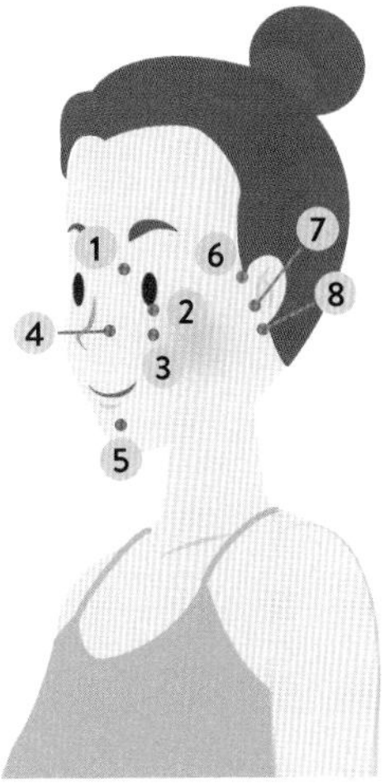

關鍵穴道

- 膀胱經：1 睛明穴
- 胃經：2 承泣穴、3 四白穴
- 大腸經：4 迎香穴
- 任脈：5 承漿穴
- 三焦經：6 耳門穴
- 小腸經：7 聽宮穴
- 膽經：8 聽會穴

步驟示範 關鍵：撥筋前先抹霜。關鍵穴點加強撥筋。

Step 1

從眼角（❶睛明穴），沿著A眼睛下緣眼眶處（❷承泣穴）及B眼眶下緣1/2食指處（❸四白穴）划撥到耳朵上1/3處（❹耳門穴），重複3回合。完成後，換邊重複相同動作3回合。

＊撥筋同時，另一隻手以指腹、掌心順著撥筋方向往髮際順氣而出，效果會更好喔！

Step 2

從鼻翼旁（❶迎香穴）划撥到耳朵中間凹陷處（❷聽宮穴），重複3回合。完成後，換邊重複相同動作3回合。

Step3

從下唇下方的中間位置（①承漿穴）划撥到耳朵下1/3處（②聽會穴），重複3回合。完成後，換邊重複相同動作3回合。

Step4

利用工具的齒梳沿著Step1～Step3的路線，由內而外推梳到髮際處時停住3秒鐘，重複3回合。

蕭老師隨堂重點摘要

想要增進皮膚彈力，可以從腸胃護理著手，只要脾胃功能好，肌膚自然會有彈性。平日可以多加強臉部各穴點的撥筋，並經常按摩**顴大肌、顴小肌**，以提升脾胃功能，此外，保持三餐正常、營養均衡，不挑食也是保護脾胃、滋養肌膚的好方法。

養顏護膚

第4招 這樣撥筋喚回美白基因

撥筋功效
- 加速肌膚代謝力和排毒。
- 維持肌潤水感。
- 恢復光澤度和彈性。
- 斷黑返白，喚回晶瑩透白的膚感。

撥筋手法	點撥、橫撥、划撥、梳	適用工具	
執行時間	約15～20分鐘	建議次數	每一步驟3回合（1回合=7次）

白皙的膚色是東方女性普遍認為最基本的美，但夏日艷陽毒辣，即使減少外出、努力防曬，還是擋不住無所不在的紫外線侵襲，想要徹底解決肌膚暗沉，延續美白，除了防曬之外，日常的撥筋保養也很重要，可以幫助肌膚改善根本的氣血循環，從肌底亮起來。

關鍵經絡部位 & 穴位

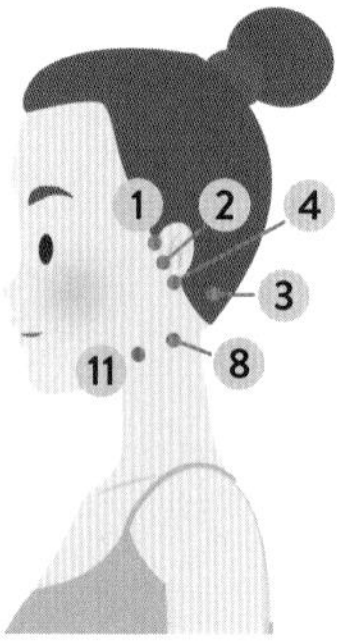

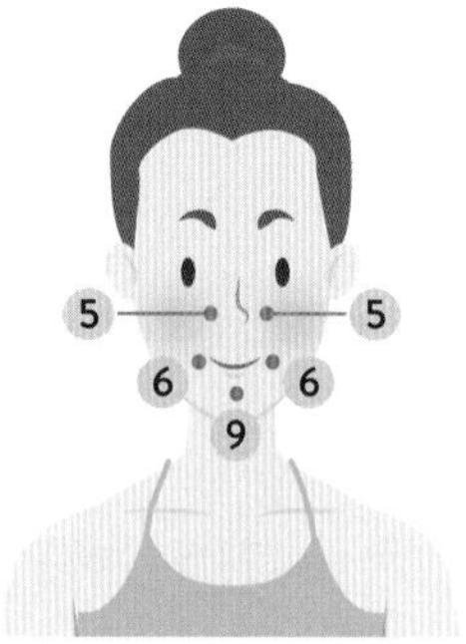

關鍵穴道

三焦經： 1 耳門穴、2 聽宮穴、3 翳風穴　**膽經：** 4 聽會穴
大腸經： 5 迎香穴　**胃經：** 6 地倉穴、7 大迎穴、8 頰車穴　**任脈：** 9 承漿穴

步驟示範

關鍵：撥筋前先抹霜。撥筋手勢須順著向上、向外的方向，順便做順氣按摩。

Step1

進行搓耳保健操1回合（詳見52～53頁）。

Step2

嘴巴略開，以工具對一邊耳朵內側、靠近臉的位置（1耳門穴、2聽宮穴、3聽會穴）從上而下，以定點撥筋方式幫耳朵開穴。完成後，換邊重複相同動作。

Step3

沿著鼻側（1鼻淚管位置）經鼻翼旁（2迎香穴）、嘴角（3地倉穴）橫撥至下頜骨（4大迎穴、5頰車穴），並對關鍵穴點加強撥筋，重複3回合。完成後，換邊重複相同動作3回合。

Step4

分別從A眼角（❶睛明穴）、B鼻翼旁（❷迎香穴）、C鼻下（❸人中穴）往嘴角（❹地倉穴）、D下唇下方中間（❺承漿穴）經下頷骨（❻大迎穴、❼頰車穴）往耳後（❽翳風穴）做大面積的划撥，直到髮際。

Step5

以工具齒梳部位由內而外、由下而上地順著肌理進行拉提推梳。

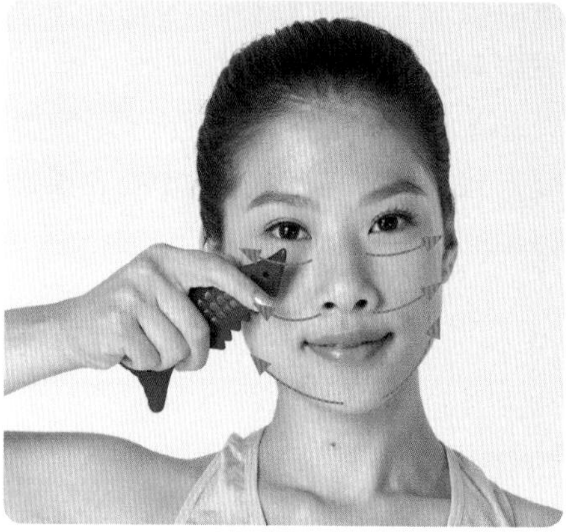

蕭老師隨堂重點摘要

想要肌膚不暗沈粗糙，美白保濕的工作很重要，不妨在每天清潔、擦完保養品後，幫自己加強臉部按摩，利用指腹、指關節幫助肌膚做由下往上的拉提動作。

擦拭保養品時要依照液狀→乳狀→霜狀的順序進行，最後再使用凝膠，如此，皮膚可以得到需要的滋潤，也會變得好清爽。

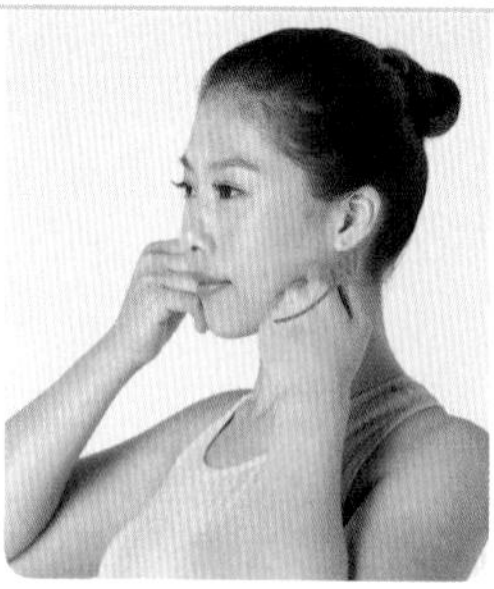

▶每天保養的同時，不要忘記順便幫肌膚做做拉提。

第5招 這樣撥筋打造零毛孔

撥筋功效

- 強化血液循環。
- 幫助血氣變順暢。
- 讓肌膚得到更好的養分供應。
- 自然擁有白裡透紅的緊緻好膚質。

撥筋手法	划撥	適用工具	
執行時間	約15～20分鐘	建議次數	每一步驟3回合（1回合＝7次）

毛孔就像水管一樣，水管有粗、有細，當出水量過大，水管便會因為大量出水而變粗大，同樣的道理，肌膚長期出油太過頻繁，毛孔被撐大，就會形成粗大難看的毛孔，所以只要讓毛孔變小，皮膚看起來就更精緻、有彈性，而經常對印堂和鼻尖區域撥筋，能促進皮膚活化和緊緻。

關鍵經絡部位 & 穴位

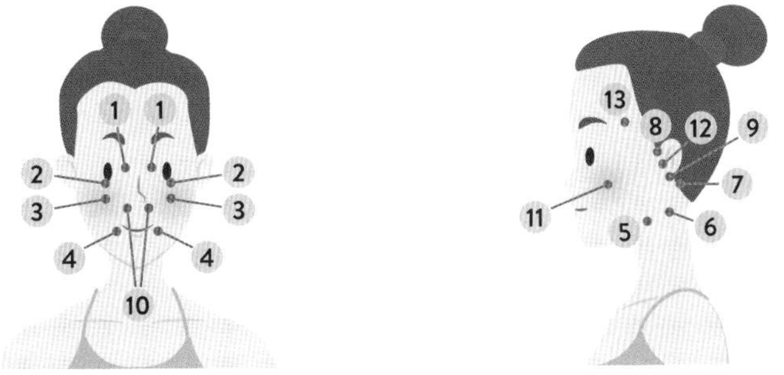

關鍵穴道

膀胱經： 1 睛明穴
胃經： 2 承泣穴、3 四白穴、4 地倉穴、5 大迎穴、6 頰車穴
三焦經： 7 翳風穴、8 耳門穴　**膽經：** 9 聽會穴　**大腸經：** 10 迎香穴
小腸經： 11 顴髎穴、12 聽宮穴　**奇穴：** 13 太陽穴

步驟示範

關鍵：撥筋前先抹霜。撥筋及順氣方向均須注意向上。

Step 1

從眼角（❶睛明穴），沿著A眼眶下緣（❷承泣穴）及B眼眶下緣1/2食指指處（❸四白穴）划撥到額側凹陷處（❹太陽穴），重複3回合。完成後，換邊重複相同動作3回合。

＊撥筋同時，另一隻手以指腹、掌心順著撥筋方向往髮際順氣而出，效果會更好喔！

Step 2

從鼻翼旁（❶迎香穴）經顴骨下方凹陷處（❷顴髎穴），划撥到耳朵中間凹陷處（❸聽宮穴），重複3回合。完成後，換邊重複相同動作3回合。

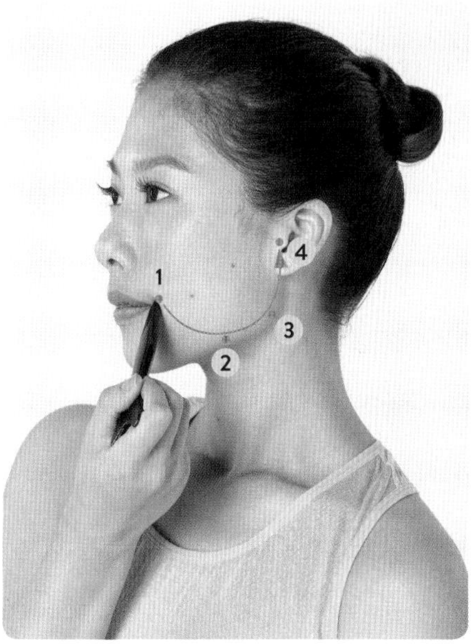

Step3

自嘴角（①地倉穴）沿著臉頰向外划撥，經下頷骨（②大迎穴、③頰車穴），划撥到耳朵中間凹陷處（④聽宮穴），重複3回合。完成後，換邊重複相同動作3回合。

Step4

從下唇下方的中間位置（①承漿穴）划撥到耳朵下1/3處（②聽會穴），重複3回合。完成後，換邊重複相同動作3回合。

蕭老師隨堂重點摘要

毛孔粗大、皮膚乾燥的人首先要改善氣血循環不好的問題，氣血循環好了，新陳代謝也會變好，膚質自然就會獲得改善。

如何幫助氣血循環？除了撥筋，還要補氣。**最有效的補氣法就是運動，尤其以游泳、快走和氣功的補氣效果最強，若再練習腹式呼吸法，加分效果驚人**。建議每週至少做一至三次的運動，每次最少30分鐘，定能改善膚質，變年輕絕對不是問題。

▲鼻子吸氣，橫膈膜下降，腹部凸出。

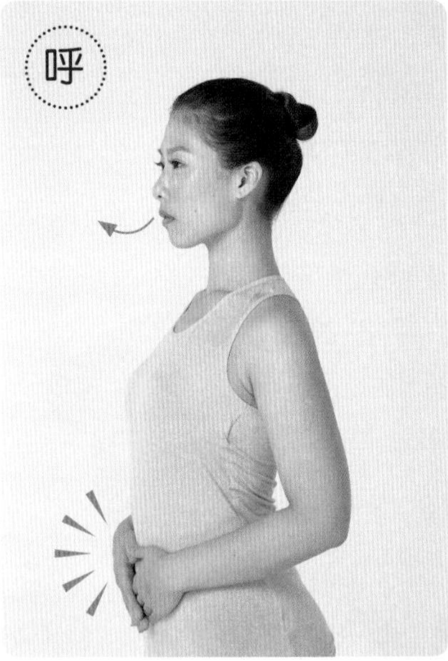

▲嘴巴微張，慢慢吐氣，小腹內縮。

養顏護膚

第6招 這樣撥筋創造不油不乾的平衡膚質

撥筋功效

- 幫助氣血循環。
- 改善新陳代謝。
- 皮膚多潤澤有光。
- 肌膚自然美麗漂亮。

撥筋手法	划撥、直撥、梳、抓捏	適用工具	
執行時間	約15～20分鐘	建議次數	每一步驟3回合（1回合＝7次）

皮膚出油旺盛，不僅影響妝容，也會產生毛孔粗大、粉刺、痘痘等討人厭的問題；而乾性肌膚因水分流失速度比正常肌膚快，容易發生出現細紋、脫皮、乾裂、易敏感等問題。無論過油、過乾都是困擾，透過撥筋按摩可加強肌膚氣血循環，讓膚質自然平衡，狀況自然會愈來愈好。

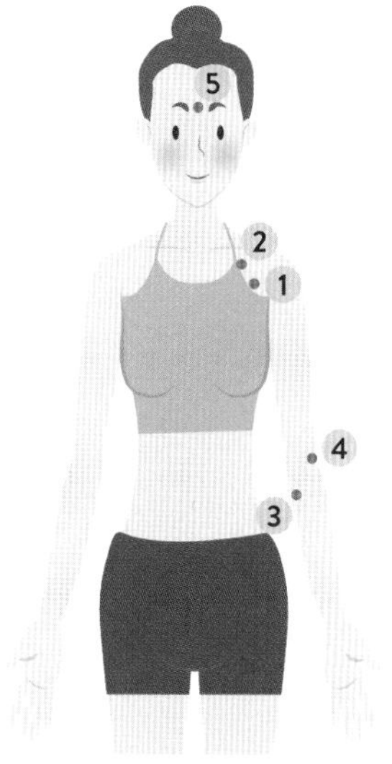

關鍵經絡部位 & 穴位

關鍵穴道 ▶
肺經：1 中府穴、2 雲門穴、3 尺澤穴
大腸經：4 曲池穴　奇穴：5 印堂穴

步驟示範

關鍵：撥筋前先抹霜。加強划撥肺經的雲門穴、中府穴（鎖骨下方凹陷處）可改善膚質。

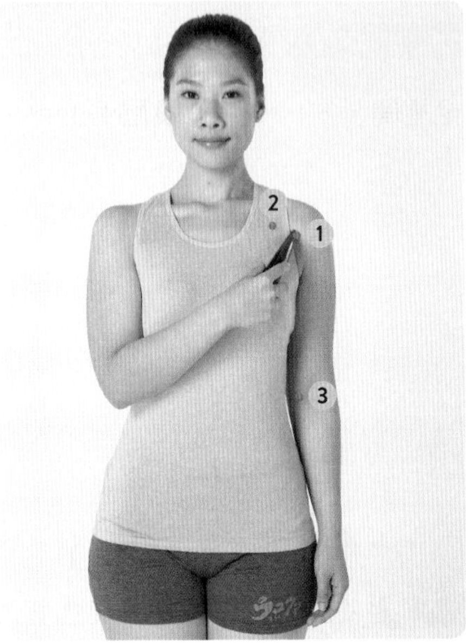

Step1

對鎖骨下方的凹陷處（①中府穴、②雲門穴）做大面積划撥後，再沿著手臂內側（③尺澤穴）橫撥至大拇指根處，重複3回合。

Step2

從拇指根處直撥到指尖出去。Step1～2完成後，換邊重複相同動作3回合。

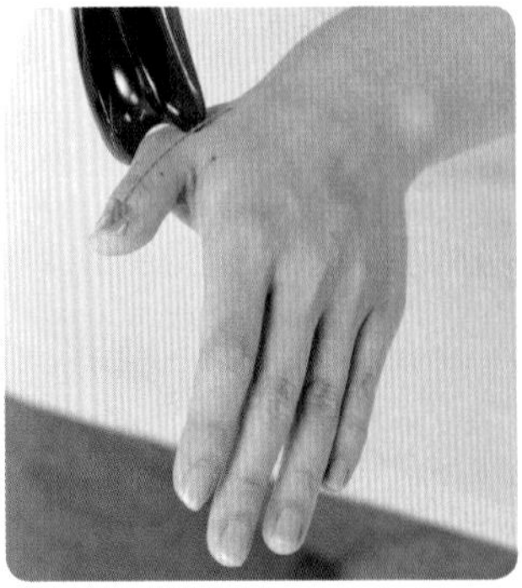

Step3

分別從眉頭、眉峰、眉尾往上橫撥到前額髮際處，重複3回合。

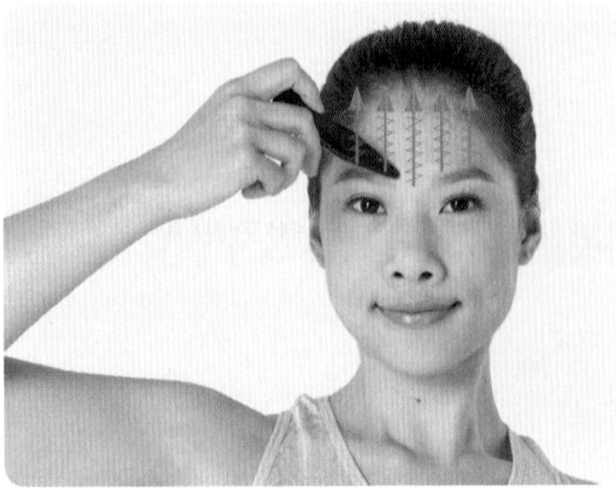

Step4

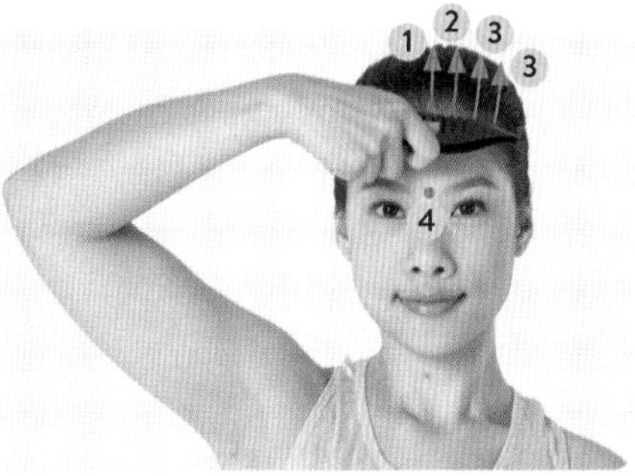

分別從前額髮際沿中線及兩側（1督脈、2膀胱經、3膽經）大面積地梳至眉間（4印堂穴）及眉毛上緣，重複3回合。

Step5

雙掌搓熱後，以指腹及掌心上下按摩額頭，再往兩耳及頸肩順氣而出，重複3回合。

Step6

以拇指與食指沿著手臂內側，經肘彎（曲池穴）抓捏至手腕、食指，重複3回合。完成後，換邊重複相同動作3回合。

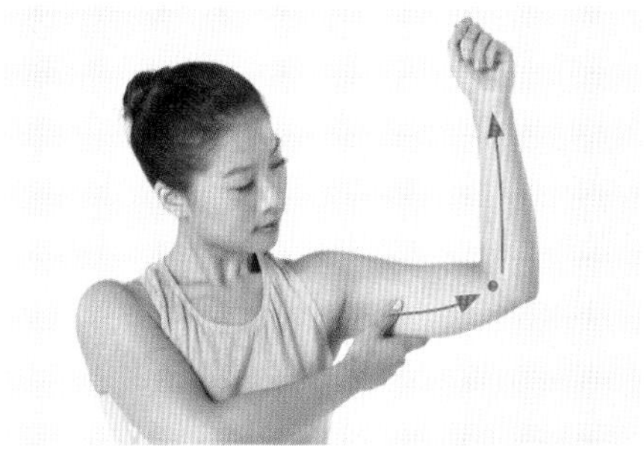

蕭老師隨堂重點摘要

油性肌膚的人要特別注意清潔，每天早晚用溫水洗臉各洗一次即可，不須過度清潔，以免產生反效果，洗完臉要使用收斂化妝水，平時則可多攝取綜合維生素，並避免油炸和刺激性的食物。

乾性肌膚的人要加強攝取維生素A，多吃胡蘿蔔、香菇、南瓜、菠菜、起司、鰻魚、魚肝油等。

養顏護膚

第7招 這樣撥筋消除頑固斑點

撥筋功效

- 加強新陳代謝。
- 活血化淤。
- 淡化色素沉澱。
- 延緩老化，消除細紋。

撥筋手法	直撥、划撥、螺旋撥	適用工具	
執行時間	約15～20分鐘	建議次數	每一步驟3回合（1回合＝7次）

當經絡氣血無法上達頭面部，或臟腑功能失調，臉部就會老化並產生皺紋、暗沈、斑點等，嚴重者甚至還會出現偏頭痛、頸部腫脹僵硬及嚴重氣結、氣阻問題。只要改善臉部氣血循環，就能讓肌膚獲得充足的養分供應，細紋就能淡化甚至消失。

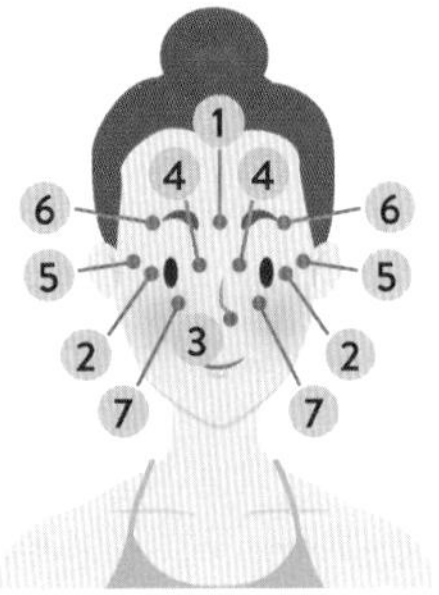

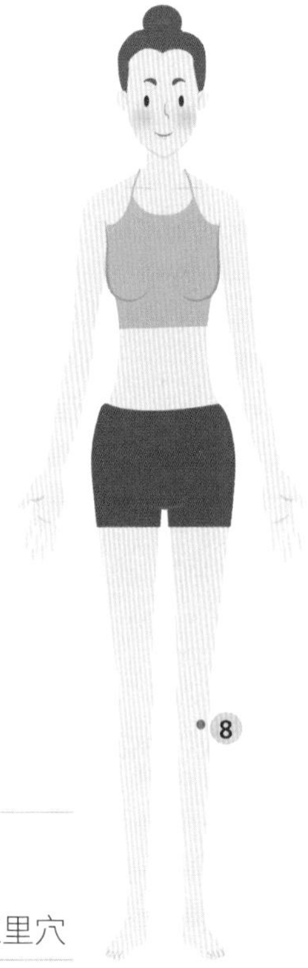

關鍵經絡部位 & 穴位

關鍵穴道 ▶
奇穴：❶印堂穴、❷魚尾穴　督脈：❸素髎穴
膽經：❹睛明穴、❺瞳子髎穴
三焦經：❻絲竹空穴　胃經：❼四白穴、❽足三里穴

步驟示範 **關鍵：**撥筋前先抹霜。關鍵穴點須加強撥筋。

Step 1

自眉間（1 印堂穴）順著鼻樑往鼻尖（2 素髎穴）直撥。

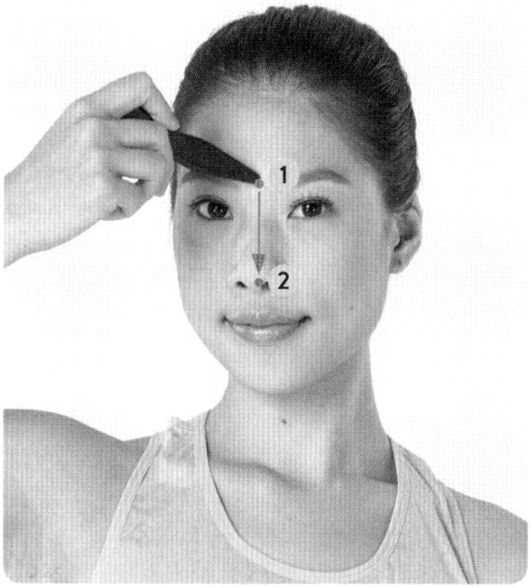

Step 2

從眼角（1 睛明穴）順著眼眶下緣1指處（2 四白穴）划撥至眼尾（3 魚尾穴），重複3回合。完成後，換邊重複相同動作3回合。

Step 3

自眼尾（1 魚尾穴）往上螺旋撥至眉尾（2 瞳子髎穴、3 絲竹空），並對眼尾、眉尾做定點圓撥，重複3回合。完成後，換邊重複相同動作3回合。

Step4

以指腹幫鼻樑、雙眼做順氣按摩，經兩耳、頸部，從肩膀帶出。

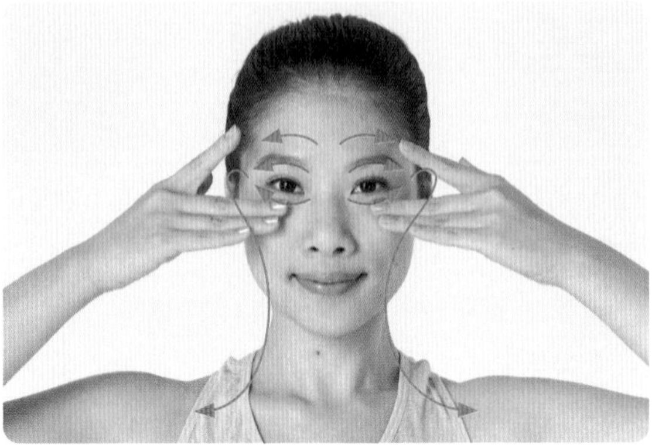

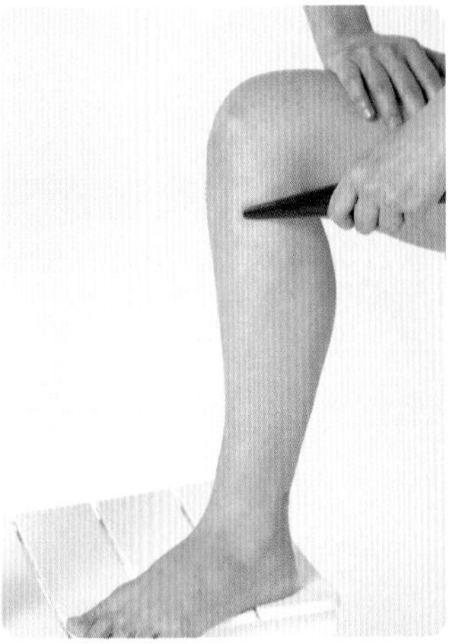

Step5

一腳屈起跨在椅上，對膝蓋下方4指處（足三里穴）划撥1分鐘（或重複10次），再沿著脛骨外側向下橫撥（或划撥）至腳踝處，重複3回合。完成後，換邊重複同樣動作3回合。

蕭老師隨堂重點摘要

不論哪種斑點都與黑色素分泌、沈澱有關，所以要抗斑一定要先做好防曬，如正確使用防曬保養品、避免在日曬強烈的時間（尤其是上午10點至下午2點之間）下活動、從事戶外運動時建議穿著長袖襯衫、長褲並戴上寬邊圓帽或撐陽傘。

如果身上的斑點出現不規則狀的擴散、局部變厚、顏色變化或開始發癢、疼痛時，請一定要及早就診，以免發生病變。

第8招 這樣撥筋消除眼周小細紋

撥筋功效
- 促進臉部血液及淋巴循環。
- 消除臉部浮腫。
- 增進肌膚的緊實度。
- 預防臉部紋路提早產生。

撥筋手法	橫撥、直撥、點撥、螺旋撥	適用工具	
執行時間	約15～20分鐘	建議次數	每一步驟3回合（1回合＝7次）

五官及皮膚的狀態皆是內臟的反射，隨著年齡增長，每個人多少都會因為體質或內臟因素而呈現不同的老化現象，有些人額頭滿佈皺紋，有些人眼角或嘴角皺紋明顯增多，這是內臟功能失常退化致相關經絡穴道出現氣阻、深層筋肉產生筋結，造成肌膚腫脹僵硬及肌肉凹陷虛弱、彈性不足，在與內臟相對應的臉部及皮膚也會出現斑、痘、皺紋、臉頰削瘦、臉胖腫脹、鬆垮浮腫等症狀。

關鍵經絡部位 & 穴位

關鍵穴道 ▶
- 奇穴：1 印堂穴
- 大腸經：2 迎香穴
- 三焦經：3 耳門穴
- 小腸經：4 聽宮穴
- 膽經：5 聽會穴
- 膀胱經：6 睛明穴
- 胃經：7 承泣穴、8 地倉穴、9 頰車穴
- 肺經：10 中府穴、11 雲門穴

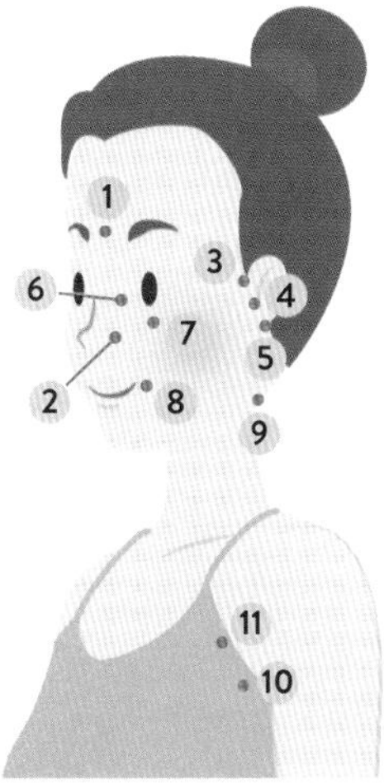

步驟示範

關鍵：撥筋前先抹霜。臉部撥筋的動作不可用力拉扯，以免造成更多細紋。

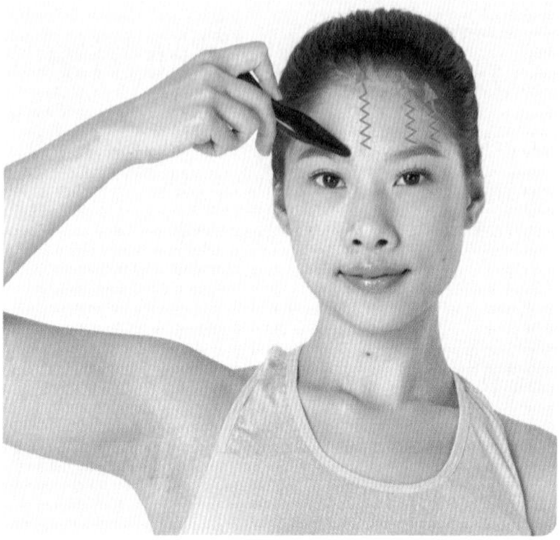

Step1

分別從眉心（印堂穴）、眉峰、眉尾，向上橫撥至前額髮際。

Step2

由一側鼻翼旁（迎香穴）垂直橫撥法令紋，重複3回合。完成後，換邊重複相同動作3回合。

Step3

從下巴中線沿著下頷骨直撥至耳際，重複3回合。完成後，換邊重複相同動作3回合。

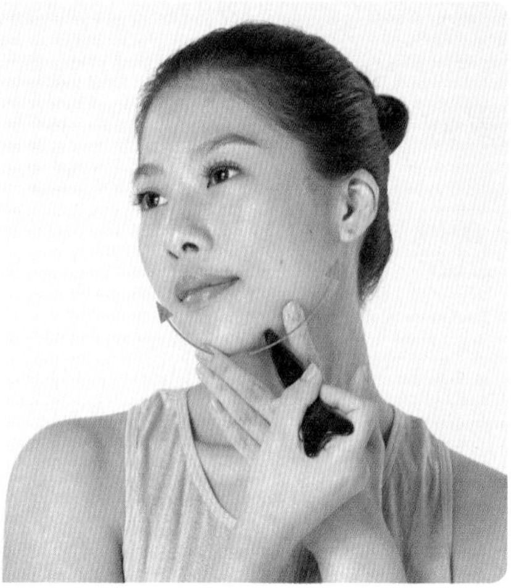

Step4

嘴巴略開，以工具對一邊耳朵內側、靠近臉的位置（1 耳門穴、2 聽宮穴、3 聽會穴）從上而下，以定點撥筋方式幫耳朵開穴。完成後，換邊重複相同動作。

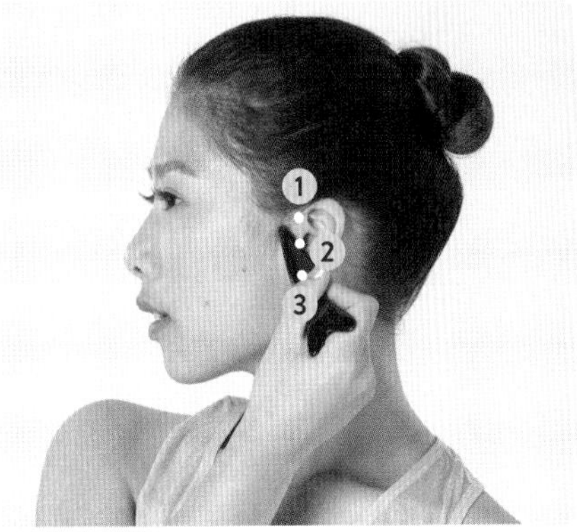

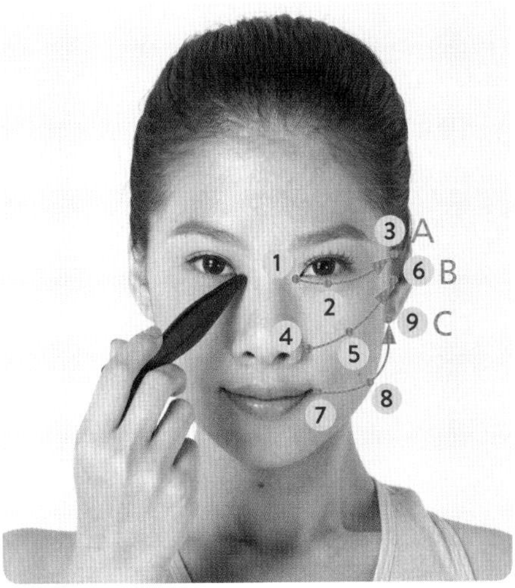

Step5

分從A眼角（1 睛明穴）經眼眶下緣（2 承泣穴）螺旋撥至耳前上1/3處（3 耳門穴）；B鼻翼旁（4 迎香穴）經臉頰中間凹陷處（5 顴髎穴）螺旋撥至耳前下凹處（6 聽宮穴）；C嘴角（7 地倉穴）經下頷骨（8 頰車穴）螺旋撥至耳前下1/3處（9 聽會穴），以上均重複3回合。完成後，換邊重複相同動作3回合。

Step6

由耳後沿頸部肌肉（1 胸鎖乳突肌）向下橫撥到鎖骨下方（2 中府穴、3 雲門穴），重複3回合。完成後，換邊重複相同動作3回合。

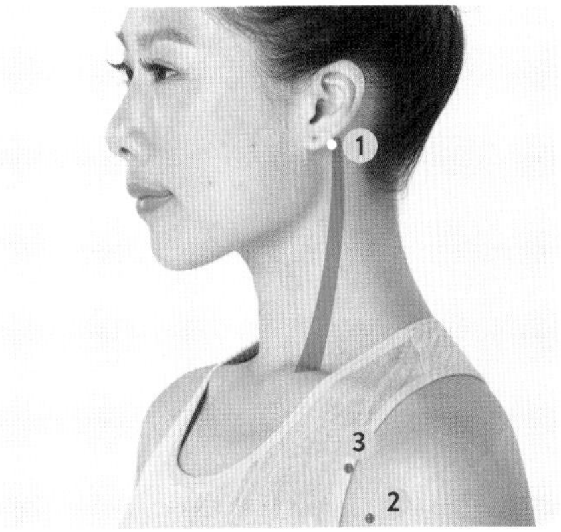

蕭老師隨堂重點摘要

每天對足三里穴、內關穴、湧泉穴進行撥筋，不僅可養顏美容，還有助於加強心臟能力，幫助氣血循環，對於有腸胃疾病者也有幫助，具有返老還童的效果喔！

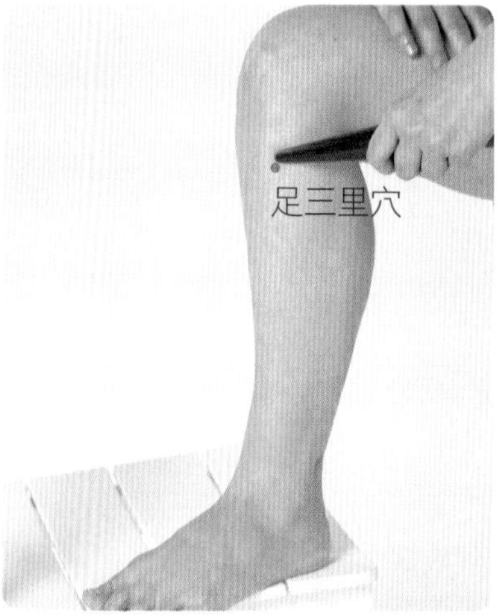

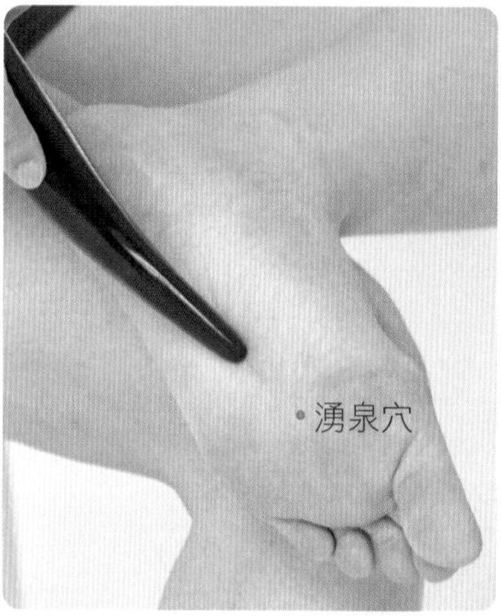

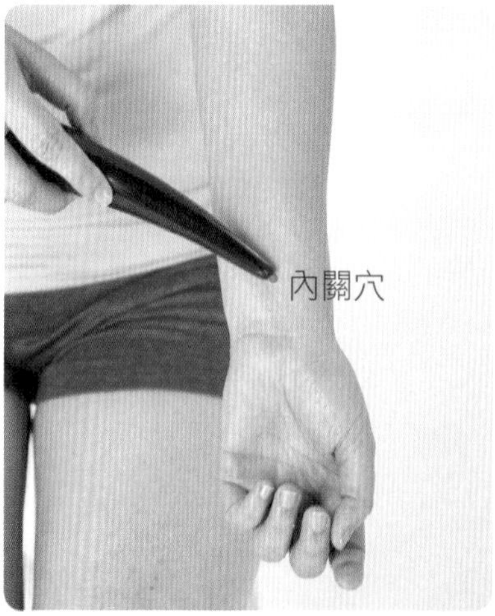

第9招 這樣撥筋鎖住水嫩雙唇

撥筋功效
- 促進局部血液循環。
- 消除暗沉唇色。
- 撫平唇部細紋。
- 保持唇形豐潤飽滿。

撥筋手法	螺旋撥	適用工具	
執行時間	約15～20分鐘	建議次數	每一步驟3回合（1回合＝7次）

隨著年紀漸長，嘴唇也變得越來越容易乾燥，許多女性會不斷喝水或塗抹唇膏，企圖維持嘴唇的水潤感，但還是無法完全消除唇部死皮，唇紋也越來越深。想要保持唇形豐潤飽滿、沒有皺紋，簡單的補水或擦護唇膏當然不夠，透過撥筋按摩才能促進血液循環，可以達到真正的滋潤效果。

關鍵經絡部位 & 穴位

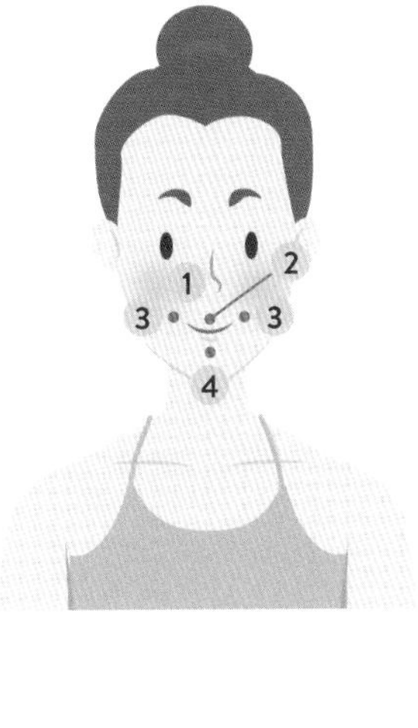

關鍵穴道

督脈：1 兌端穴、2 水溝穴
胃經：3 地倉穴　任脈：4 承漿穴

步驟示範

關鍵：撥筋前先抹霜。唇部肌膚薄弱，撥筋時，力道要輕柔。

Step 1

從上下唇的中間，沿著唇線，由內向外地螺旋撥至嘴角。

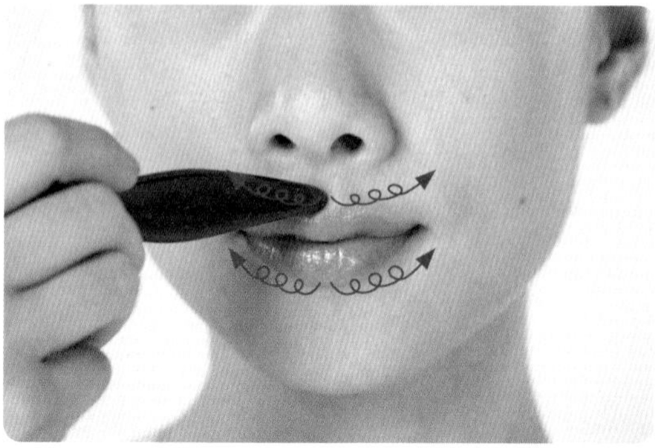

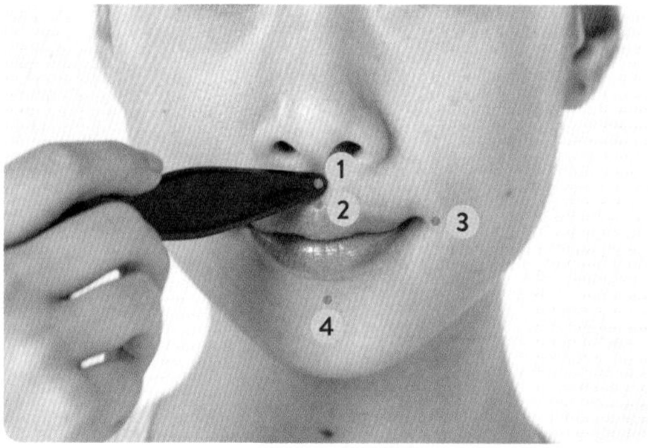

Step 2

對上唇的尖端（1 兌端穴）、人中（2 水溝穴）、嘴角（3 地倉穴）、下唇下方（4 承漿穴）划撥1分鐘（或重複10次）。

Step 3

從上下唇的中間，在嘴唇上，由內向外、向上地螺旋撥至嘴角。

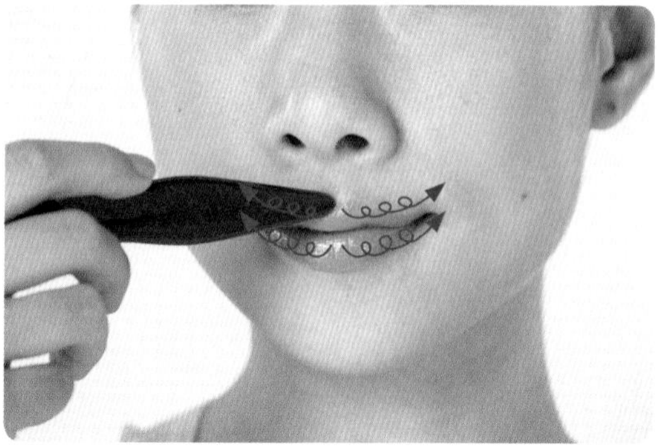

Step4

以指腹按摩唇部及嘴唇周圍的肌肉，
再帶至兩頰及兩邊頸肩而出。

蕭老師隨堂重點摘要

適當的保養可以延緩唇周細紋的出現，注重唇部皮膚的保濕和防曬，白天使用具有防曬功能的護唇膏，晚上用具有保濕、修護功能的營養護唇霜。

中醫說：「脾開竅於唇」，所以唇色、唇質的狀態都與脾胃有關，少吃生冷食物、從冰箱拿出來的食物必須退冰後再吃，並多吃黃色與溫暖的食物，都可以幫助胃經活絡氣血。另外，每天都要攝取足夠的蛋白質食物，如魚肉、雞肉、雞蛋等，並多食用富含維生素A、C、E的蔬果。最重要的是，一定要多喝水，才能趕走乾燥唇部，保有豐滿柔嫩的雙唇。

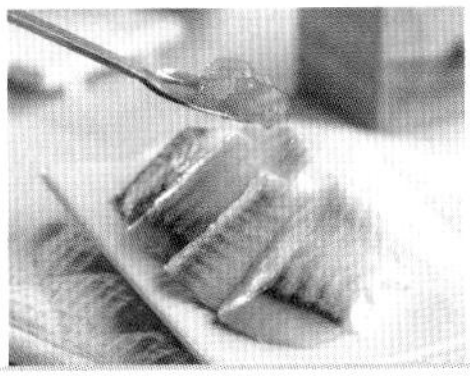

養顏護膚

第10招 這樣撥筋消除水腫麵包臉

撥筋功效
- 促進氣血循環，加速代謝。
- 排除體內多餘的水分和廢物。
- 改善臉部水腫。
- 幫助臉部肌肉拉提。

撥筋手法	劃撥、點撥、梳	適用工具	
執行時間	約15～20分鐘	建議次數	每一步驟3回合（1回合＝7次）

現代人常有水腫問題，主要緣於吃得太鹹，導致腎臟功能受損所引起的，加上長期食用不良的加工食品，造成毒素囤積，無法排出體外，進一步加深腎臟、肝臟的損害；其他，如高血壓、糖尿病、風濕痠痛、筋骨痠痛等而長期服用降血壓、糖尿病、止痛消炎藥物，久而久之，也會傷及腎臟功能，導致「水腫」發生。此外，運動流汗有助於排除體內濕氣，因此缺少運動或長時間待在冷氣房中都容易造成水腫。

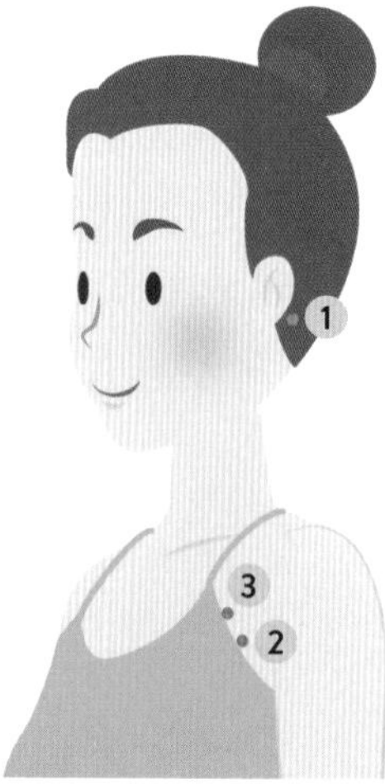

關鍵經絡部位 & 穴位

關鍵穴道 ▶肺經：1 翳風穴、2 中府穴、3 雲門穴

步驟示範 **關鍵：**撥筋前先抹霜。

Step 1

對耳後部位（翳風穴）橫撥1分鐘（或重複10次）。完成後，換邊重複相同動作1分鐘（或重複10次）。

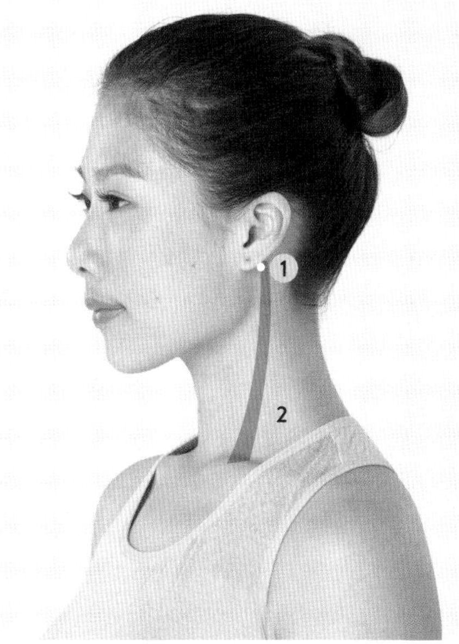

Step 2

從耳後部位（❶翳風穴）沿著頸部肌肉（❷胸鎖乳突肌）橫撥至腋下而出，重複3回合。完成後，換邊重複相同動作3回合。

Step3

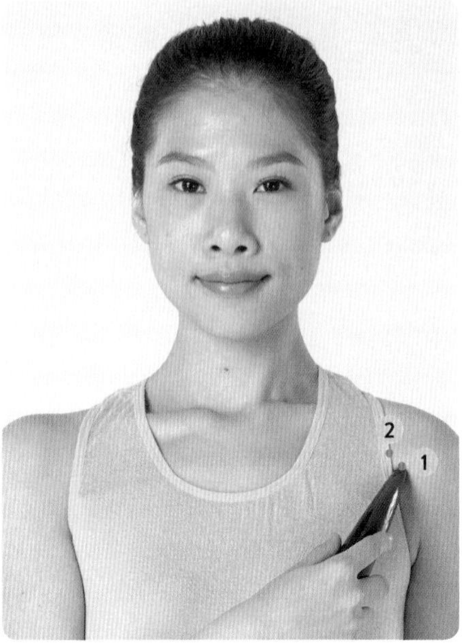

對鎖骨下方凹陷處（1中府穴、2雲門穴）加強撥筋，再橫撥至腋下而出，重複3回合。完成後，換邊重複相同動作3回合。

蕭老師隨堂重點摘要

造成水腫的病因，外感內傷都有，但主要病在肺、脾、腎三臟，這三個臟器對體內水液的調控非常重要，出了差錯，都會導致體內水液排出不易而造成水腫，建議大家平時就要多吃可幫助身體排水消腫的食物，如香菇、海帶、大黃瓜、冬瓜、綠豆、紅豆、薏仁、木瓜、椰子等。

KO大象腿！

預備動作：一腳屈起，跨在椅子上，塗抹按摩油或乳液。

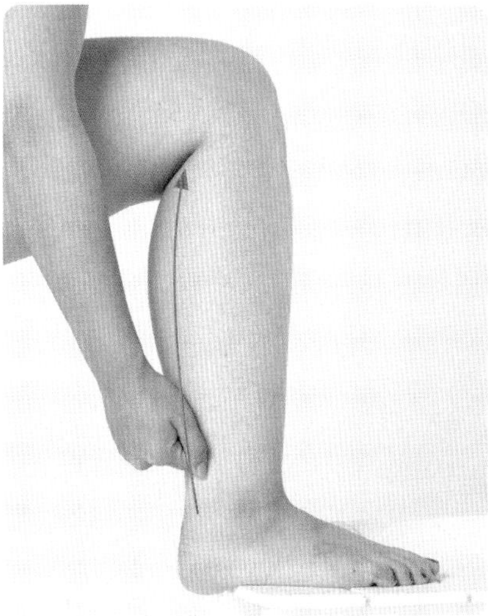

1 手輕握拳，用指關節從腳踝後方往上推至膝蓋後方。

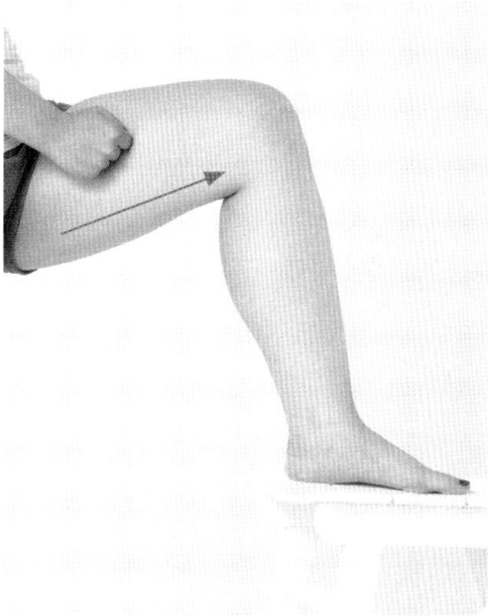

2 以指關節從鼠蹊部沿著大腿內側按摩至膝蓋。

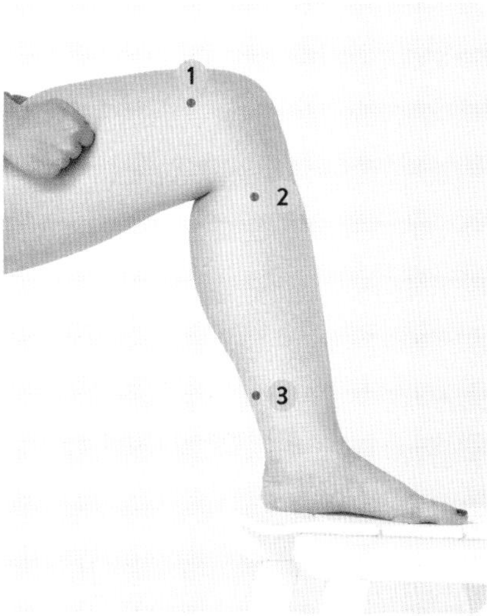

3 用指關節或撥筋工具按摩 ❶ 血海穴、❷ 陰陵泉穴、❸ 三陰交穴。

4 換腳，重複上述動作。

note

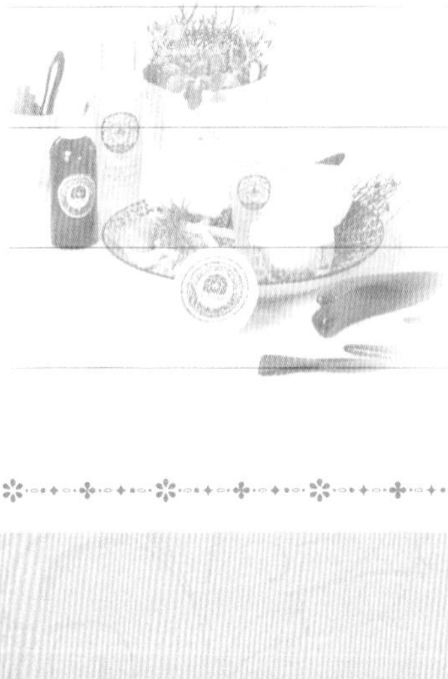

Part 3

不一樣的撥筋

養身／益氣／養心法

讓鼻子暢通，呼吸順暢的
撥筋法

掃我看影片

養身益氣

本單元示範／楊穎欣

第1招 這樣撥筋眼睛不疲勞且明亮有神

撥筋功效

- 幫助水分代謝，消除眼部水腫。
- 促進眼周淋巴、血液循環順暢。
- 舒緩眼部疲勞。
- 改善黑眼圈與泡泡眼。

撥筋手法	划撥、橫撥	**適用工具**	
執行時間	約15～20分鐘	**建議次數**	每一步驟3回合（1回合＝7次）

現代人工作壓力大、常熬夜、睡眠不足、缺乏運動，加上過量的冰冷食物、菸酒，以致老化加速、黑眼圈、鼻過敏、腰痠背痛、月經不調等問題頻生。經絡理論有云：「五臟六腑精華皆上注於目。」肝腎同源，肝受血而能視，故明目首重肝腎保養，充足睡眠就是保肝養眼最好的方法，平日宜飲食均衡、多運動、多接觸大自然、常遠眺、眼球左右上下轉動，鍛鍊眼部肌肉，使眼睛靈活。

關鍵經絡部位 & 穴位

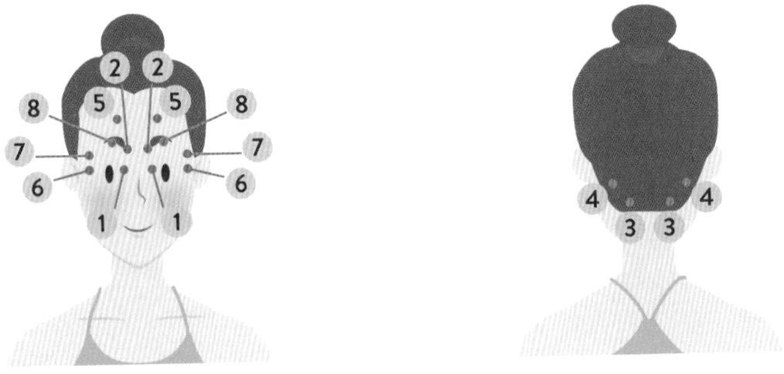

關鍵穴道

膀胱經： 1 睛明穴、2 攢竹穴、3 天柱穴
膽經： 4 風池穴、5 陽白穴、6 瞳子髎穴
奇穴： 7 太陽穴、8 魚腰穴

關鍵：

Step1

以工具推頂後腦枕骨下方（1 天柱穴、1 風池穴）至感覺痠感減輕。

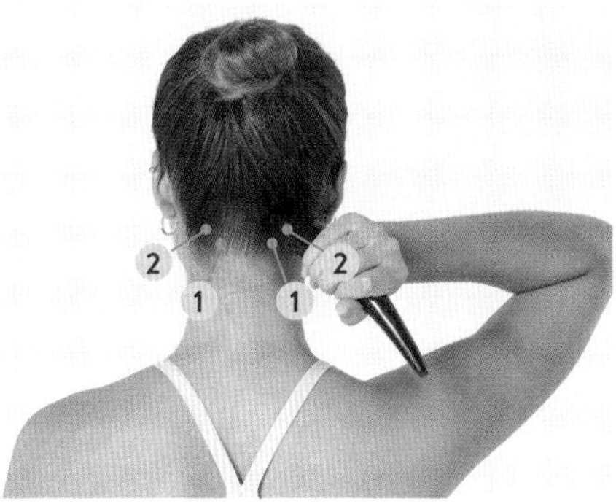

Step2

雙手搓熱，以手掌浮貼著眼睛順推至額側（太陽穴），往髮際出去，重複3回合。

Step3

A從眼角（1 睛明穴）向上划撥至眉頭（2 攢竹穴）；B從眼角（1 睛明穴）沿著眼眶下緣（3 承泣穴、4 四白穴）划撥到額側（5 太陽穴），往髮際順氣出去，以上各重複3回合。完成後，換邊重複相同動作3回合。

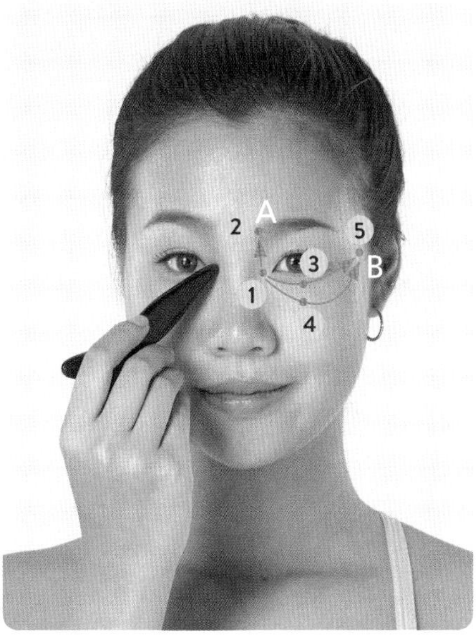

Step4

順著眉峰上緣橫撥到額頭中間（陽白穴），重複3回合。完成後，換邊重複相同動作3回合。

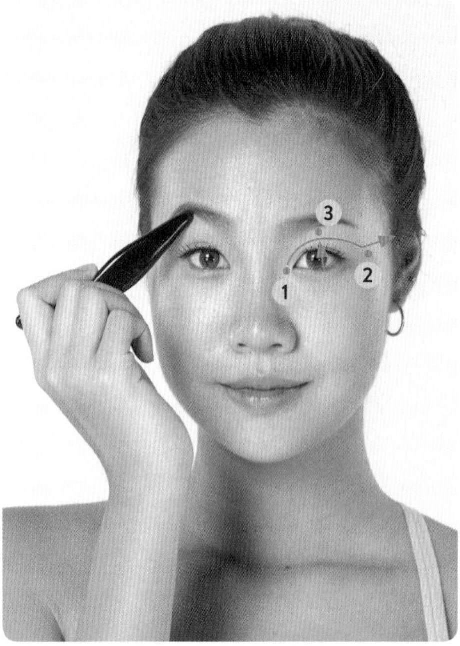

Step5

從眼角（1 睛明穴）順著眉毛下緣划撥到眼尾（2 瞳子髎穴），往髮際出去，經眉毛中間（3 魚腰穴）時工具往上推頂，加強效果，重複3回合。完成後，換邊重複相同動作3回合。

Step6

以雙掌及指腹幫額頭、雙眼、鼻樑做順氣淋巴按摩，經兩耳、頸部，從肩膀帶出。

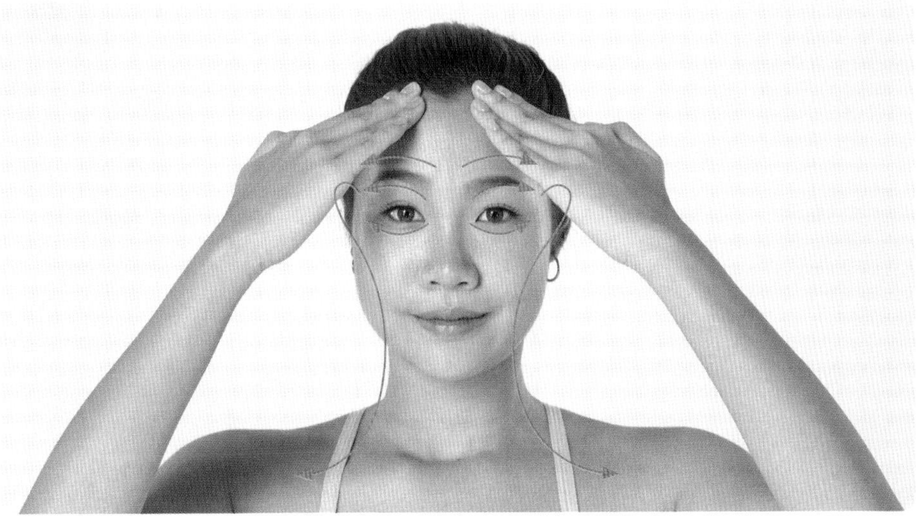

蕭老師隨堂重點摘要

眉頭（①攢竹穴）、眉尾（②瞳子髎穴）附近容易產生細紋，也就是大家熟知的川字紋、魚尾紋等，所以對兩個部位的穴點壓深一點（至少0.5公分）後，再向外做放射狀撥筋，可以預防皺紋產生。若已經有紋路出現，在對穴點加強撥筋後，可繼續使用「刮」（請參考第63頁）的技巧加強撥筋效果。

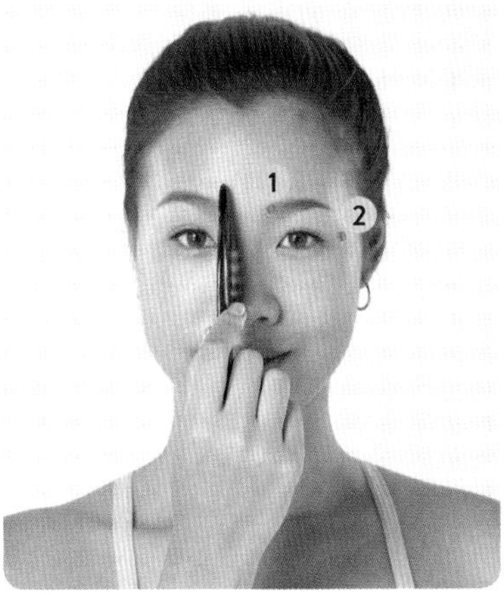

第2招 這樣撥筋消除頭痛

撥筋功效
- 暢通頭部經絡，活血化淤。
- 放鬆僵緊的頭部肌肉。
- 改善頭頸部的血液迴圈。
- 令頭腦清醒，有輕鬆感。

撥筋手法	划撥、梳	適用工具	
執行時間	約15～20分鐘	建議次數	每一步驟3回合（1回合=7次）

要改善頭痛問題，除了找醫生外，自己平時也要多做保養，例如經常頭痛或正在頭痛中的人，應該禁食冰冷的食物，多喝溫熱或常溫的水，並盡量保持充足的睡眠，勿熬夜，也要減少使用3C用品，尤其不要在睡前玩手機或平板。

關鍵經絡部位 & 穴位

關鍵穴道

奇穴：①太陽穴
膽經：②含厭穴、③懸顱穴、④懸釐穴、⑤曲鬢穴、⑥風池穴
膀胱經：⑦天柱穴

關鍵：

Step1

進行梳頭1回合（詳見第85頁）。

Step2

從兩側額角（①太陽穴）沿著頭側（②含厭穴、③懸顱穴、④懸釐穴、⑤曲鬢穴）往下划撥至耳後，再到頸部。

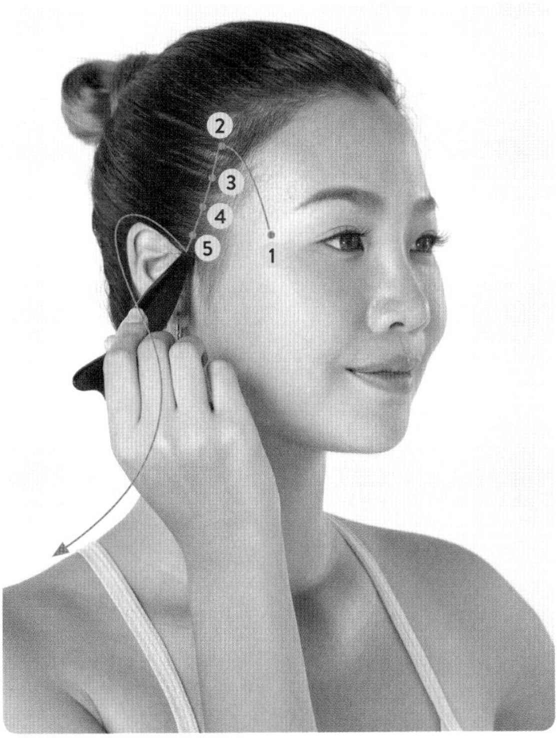

Step3

以工具推頂後腦枕骨及枕骨下緣（1 天柱穴、2 風池穴），至痠痛感減輕為止。

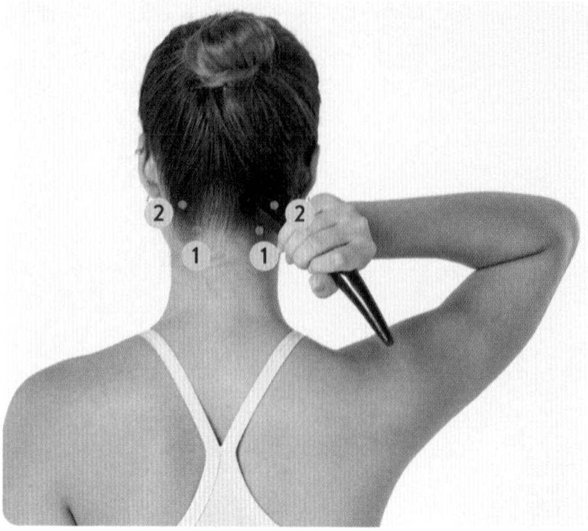

Step4

進行梳頭及拉髮各1回合（詳見第85頁）。

蕭老師隨堂重點摘要

現在人過度使用3C，有頭痛症狀的人越來越多，只要天氣變化、月經前後、壓力大、緊張或多吃刺激飲食、喝酒後就會頭痛，就連姿勢不良也會造成肩頸僵硬，引發頭痛，現代人簡直無時不在頭痛。中醫對於頭痛有分肝經頭痛、胃經頭痛、膀胱經頭痛、膽經頭痛等，治療時須依照不同辯症來治療。

辯症	疼痛部位
肝經頭痛	頭頂痛
胃經頭痛	前額連眉心處痛
膀胱經頭痛	頭後腫脹，連頸項處痛
膽經頭痛	頭顳骨兩側痛，如偏頭痛與梅尼爾氏症

養身益氣

第3招 這樣撥筋改善耳鳴&暈眩

撥筋功效

- 緩解頭頸部壓力。
- 幫助頭部血流暢通，改善暈眩。
- 改善耳鳴、腫脹阻塞感。
- 活血化瘀、行氣。

撥筋手法	划撥	**適用工具**	
執行時間	約15～20分鐘	**建議次數**	每一步驟3回合（1回合＝7次）

中醫說：「腎開竅於耳」，故腎氣虛的人，多有耳鳴或聽力減弱的症狀，故多對與腎相關的經脈撥筋，或使用補腎的方藥治療，耳鳴或聽力不聰的現象通常會逐漸好轉，這就是《內經》所說的：「腎氣與耳相通，腎氣調和，就能辨別五音」的道理。

關鍵經絡部位 & 穴位

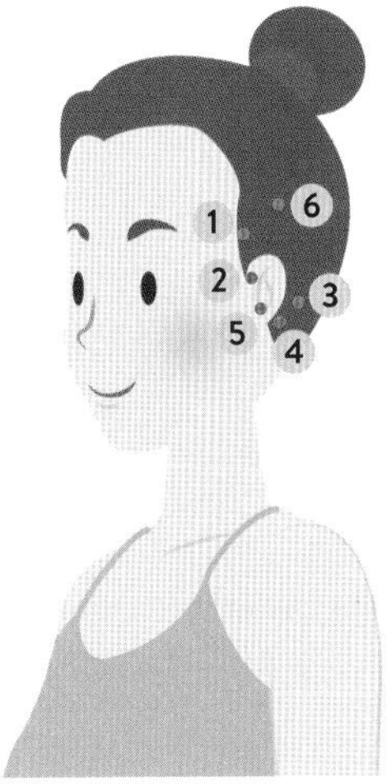

關鍵穴道

三焦經：1 和髎穴、2 耳門穴、3 瘈脈穴、4 翳風穴

膽經：5 聽會穴、6 率谷穴

步驟示範

關鍵：撥筋前先抹霜，對耳朵附近穴點須加強撥筋

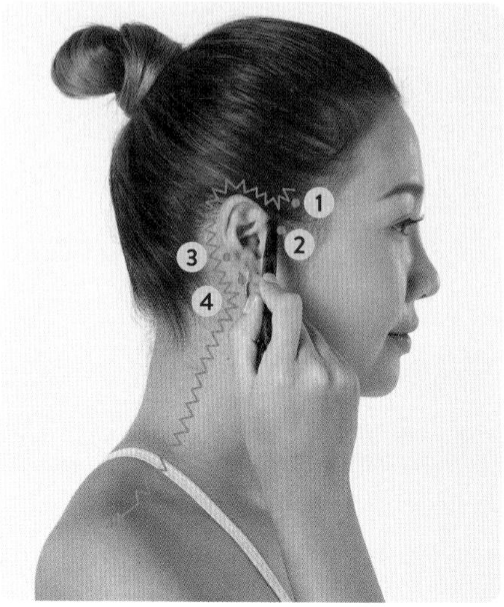

Step1

沿著耳骨，從耳朵前緣（1和髎穴、2耳門穴、3瘈脈穴、4翳風穴）一路划撥至肩膀，重複3回合。完成，換邊重複相同動作3回合。

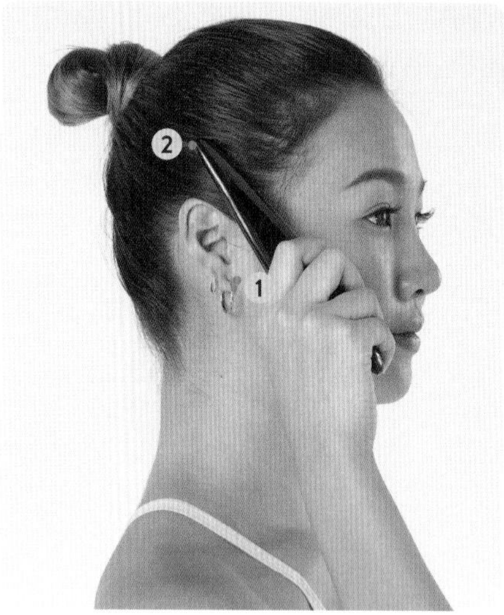

Step2

對耳朵前面（1聽會穴）及頭側部位（2率谷穴）划撥1分鐘（或重複10次）。完成，換邊重複相同動作1分鐘（或重複10次）。

Step3

進行搓耳保健操1回合（詳見52～53頁）。

蕭老師隨堂重點摘要

耳鳴者多屬陰虛，容易有口乾舌燥。正值更年期的人通常陽多陰少，常有耳鳴、頭暈的問題，不妨多食苦寒的食物，如苦瓜、冬瓜、竹筍、青草茶等食物，有助於降火。

降火氣的私房食譜

苦瓜蘋果汁

材料 青苦瓜1/2～1/3條、蘋果1/2顆、蜂蜜適量、開水350cc

作法 青苦瓜、蘋果洗淨、切塊，與蜂蜜、開水一起放入果汁機攪打成汁即可。

枸杞冬瓜薑茶

材料 小顆的冬瓜糖磚4～5個、枸杞2錢、薑片1～2片、水350cc

作法 1.冬瓜洗淨、削皮、切塊；枸杞以清水沖淨。
2.全部材料放入鍋中一起煮滾，轉小火，續煮10分鐘，關火即可。

養身益氣

第4招 這樣撥筋讓鼻子呼吸通暢

撥筋功效		
	滋潤肺部，保養呼吸系統。	減輕鼻子過敏症狀。
	減緩鼻塞不適。	讓呼吸變順暢。

撥筋手法	划撥、直撥	適用工具	
執行時間	約15～20分鐘	建議次數	每一步驟3回合（1回合=7次）

鼻子過敏是件很煩人的事，尤其台灣氣候比較潮溼，常見鼻子過敏問題，我的家人就有鼻子過敏問題，常常早上起床就開始打噴嚏、鼻塞、流鼻涕，嚴重時用掉整包衛生紙。鼻子過敏不僅減低思考、判斷力，還會影響情緒，西藥一吃，症狀很快就不見了，但一不吃藥，又馬上發作，反反覆覆地，實在惱人！

關鍵經絡部位 & 穴位

關鍵穴道

▼

膀胱經：1睛明穴
大腸經：2迎香穴
奇穴：3印堂穴
督脈：4素髎穴、5風府穴、6大椎穴
肺經：7中府穴、8雲門穴

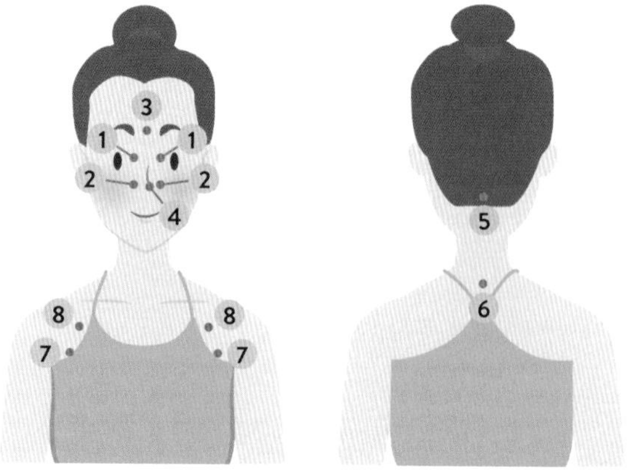

關鍵：

Step 1

雙手搓熱，以食指、中指上下搓揉鼻子兩側，至鼻熱。

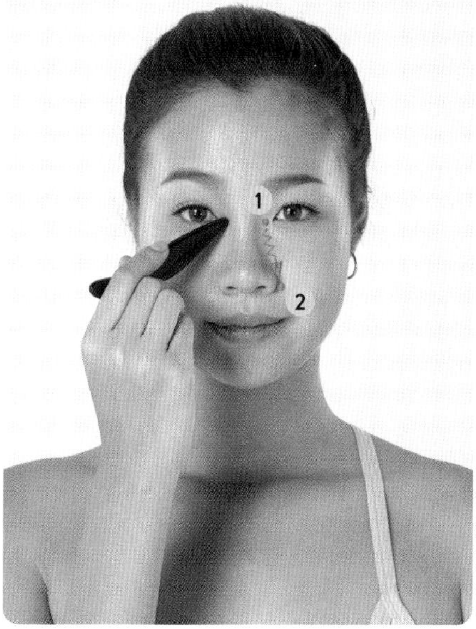

Step 2

從眼角（1 睛明穴）沿著鼻側向下划撥至鼻翼（2 迎香穴），重複3回合。完成後，換邊重複相同動作3回合。

Step3

從雙眉之間（①印堂穴）由上而下，直撥至鼻尖（②素髎穴），重複3回合。

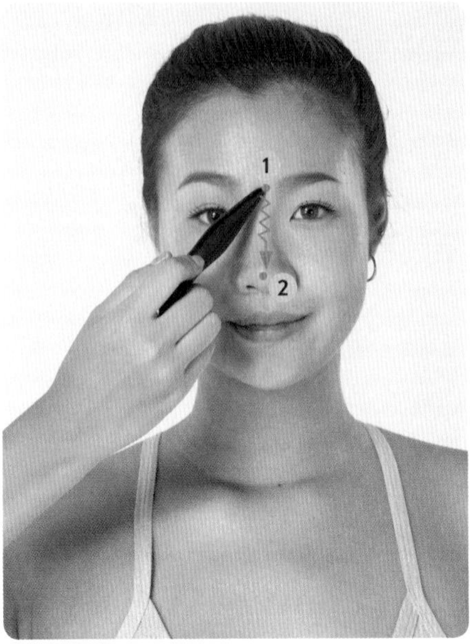

Step4

從後腦枕骨正下方（①風府穴）一路划撥到後頸部中央骨突處（②大椎穴），並對枕骨及頸後骨突處划撥1分鐘（或重複10次）。

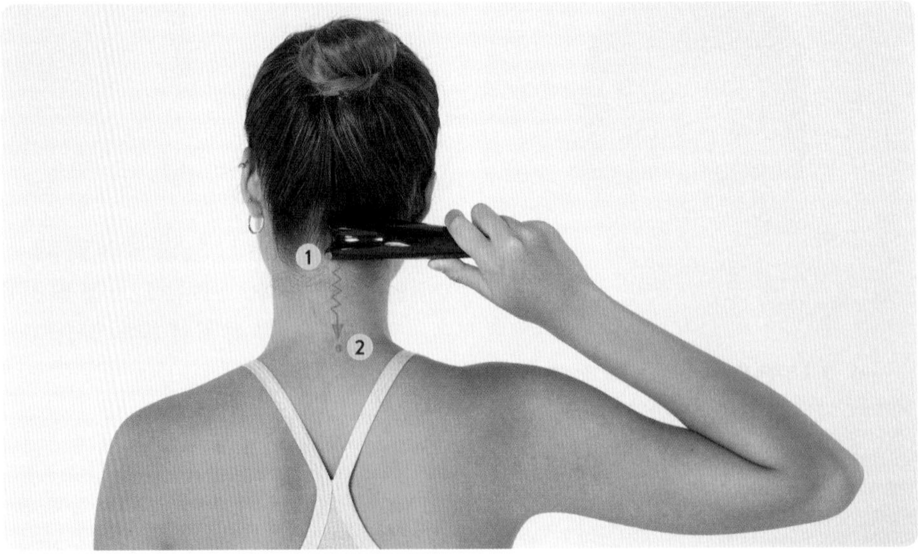

Step5

對鎖骨下方凹陷處（❶中府穴、❷雲門穴）深壓推頂後，再大面積往下划撥到至乳頭上方的部位。

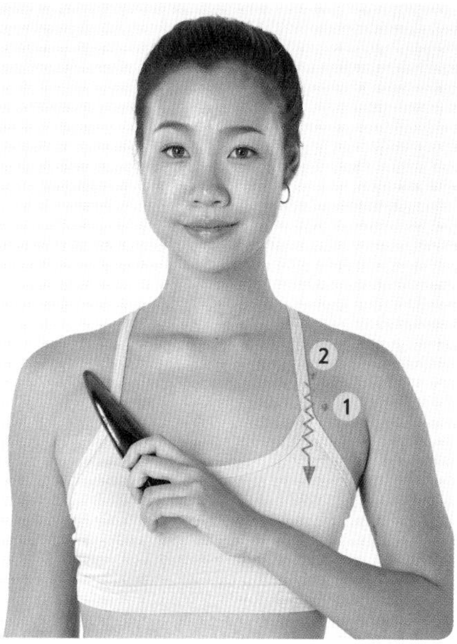

蕭老師隨堂重點摘要

中醫說：「肺開竅於鼻」，肺主氣，是身體出納空氣的大本營，具有調節全身氣體的功能，而鼻子是肺的代言人，鼻子要健康，就是要潤肺，所以**鼻子健康的源頭就在肺部的保養**，建議每天多次搓揉鼻子兩側，並多吃些蘋果、白木耳等白色食物，忌食冰冷的食物，早上起床注意保暖，尤其是頸部（**頸部有個大椎穴可以調解人體溫度，一旦受寒便容易感冒**），如此應可以將鼻子過敏的機率降至最低。

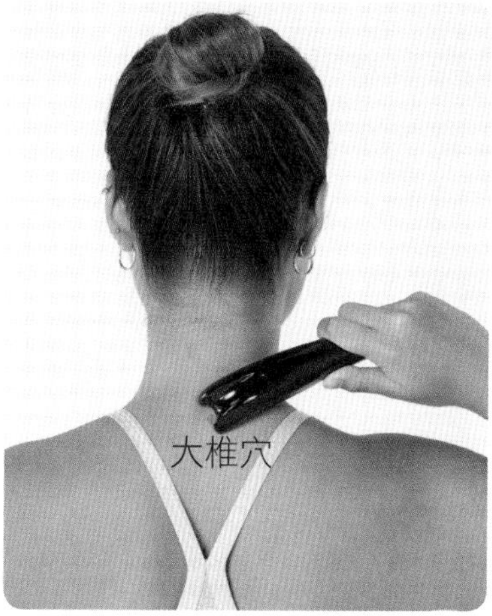

養身益氣

第5招 這樣撥筋拯救落枕

撥筋功效

- 鬆筋、理筋，促進血行。
- 幫助肩頸緊繃的肌肉放鬆。
- 舒緩肩頸肌肉僵硬疼痛。
- 預防頸部肌肉沾黏。

撥筋手法	划撥、橫撥	適用工具	
執行時間	約15～20分鐘	建議次數	每一步驟3回合（1回合＝7次）

有位學員帶著落枕的兒子來找我幫忙，我發現兒子的脖子非常僵硬、無法轉動，我請他先動動肩膀，放鬆肌肉，再幫他從胸大肌、斜方肌撥筋至胸鎖乳突肌，前後約1個多小時，結束時，落枕問題已經解決了9成以上。相信許多人都有落枕的經驗，往往愈痛，愈不敢轉頭，愈不敢轉頭，肌肉就愈緊、愈不舒服，嚴重時，甚至影響整個肩膀及上半身的轉動能力。也許落枕不是大問題，還是能正常工作、生活，但情緒和活動難免都會受影響。

關鍵經絡部位 & 穴位

關鍵穴道

小腸經：①天容穴、②天窗穴、③肩中俞穴、④肩外俞穴
肺經：⑤中府穴、⑥雲門穴
督脈：⑦風府穴、⑧大椎穴
膽經：⑨肩井穴

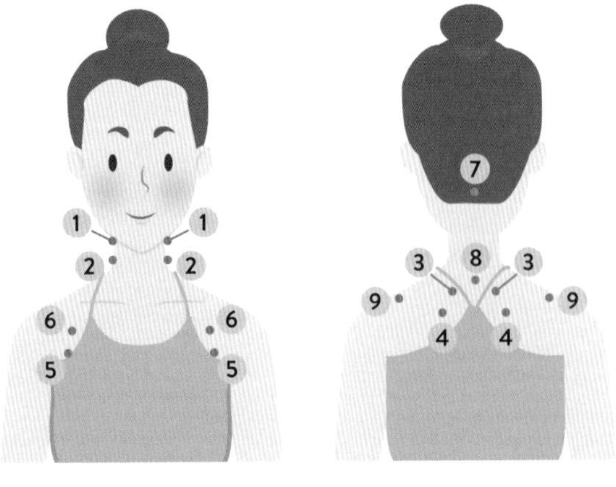

關鍵：

Step1

進行聳肩動作（夾住肩膀10秒後放鬆），連續做20次。

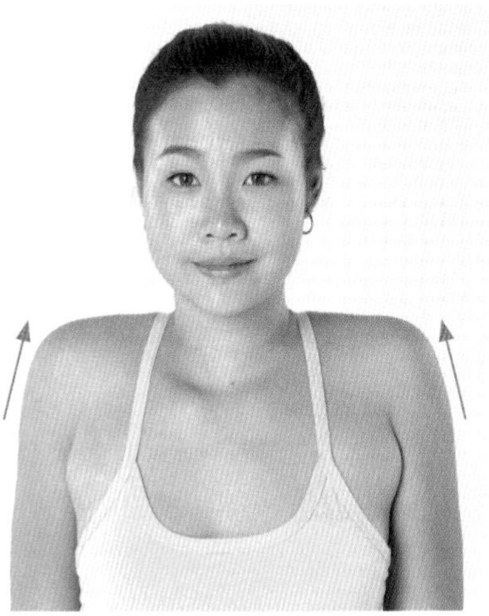

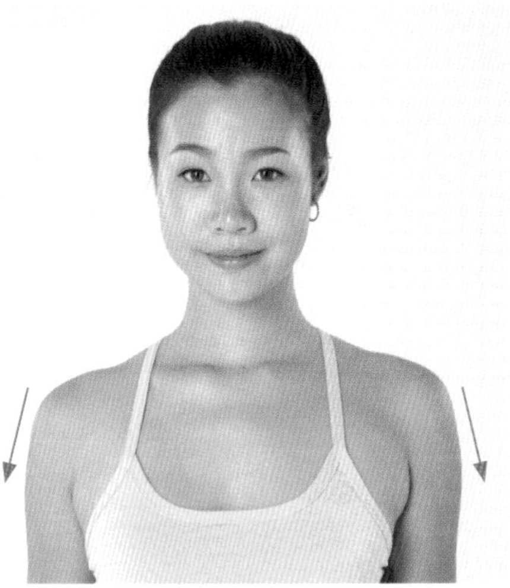

Step2

從後腦枕骨中央下方（1 風府穴）一路划撥到後頸部中央（2 大椎穴）划撥，重複3回合。完成後，換邊重複相同動作3回合。

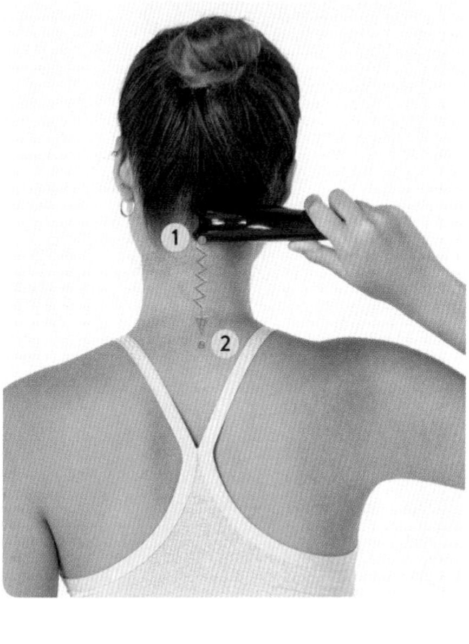

Step3

自耳後沿頸部肌肉（❶胸鎖乳突肌，❷天容穴、❸天窗穴）往下橫撥至鎖骨上方，重複3回合。完成後，換邊重複相同動作3回合。

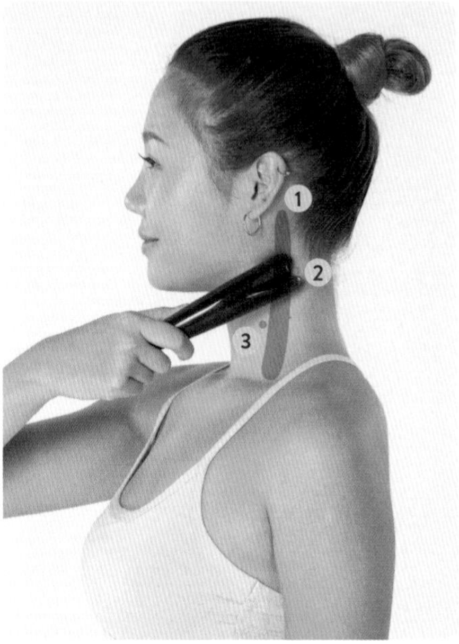

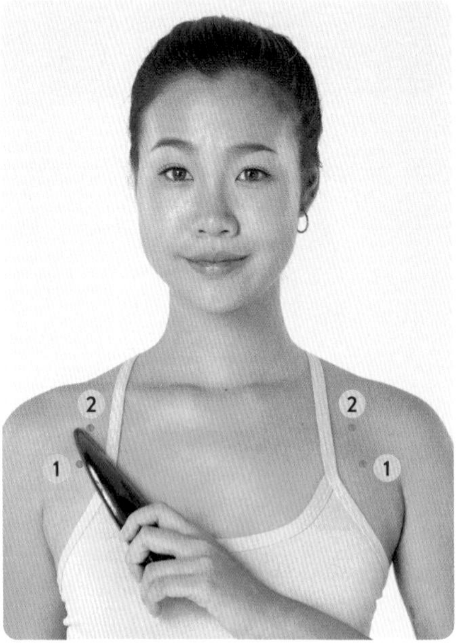

Step4

從胸骨中間、鎖骨下方由內而外橫撥到乳頭上方部位，並對鎖骨下方凹陷處（❶中府穴、❷雲門穴）多划撥幾次，力道可以稍微加重，重複3回合。完成後，換邊重複相同動作3回合。

Step5

從頸後骨突處（1 大椎穴）往兩側肩頭划撥，並對肩膀中間部位（2 肩井穴）划撥1分鐘（或重複10次）。

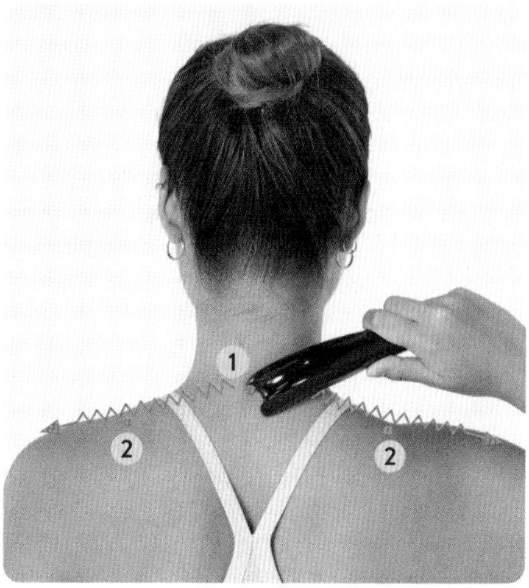

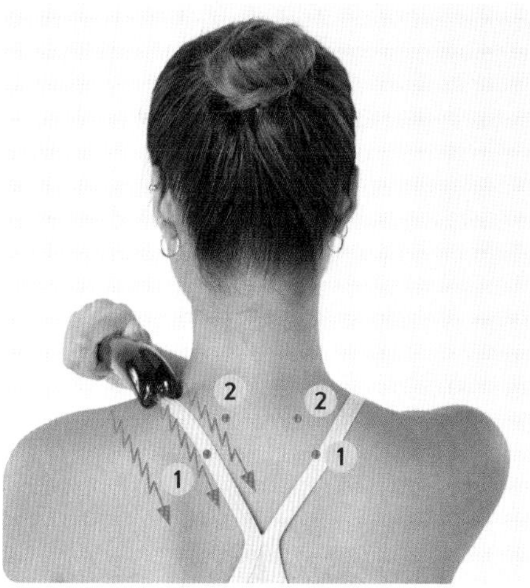

Step6

由鎖骨經肩膀往背部划撥，肩胛骨要多划撥幾次（1 肩外俞穴、2 肩中俞穴），力道可稍微加重，重複3回合。完成後，換邊重複相同動作3回合。

Step7

進行Step1的聳肩動作20次。

蕭老師隨堂重點摘要

　　如做完一輪後仍感覺脖子緊繃，可以再重新操作一次，直到感覺舒緩為止。

養身益氣

第6招 這樣撥筋改善循環，四肢不冰冷

撥筋功效
- 促進新陳代謝。
- 加強氣血循環，改善手腳冰冷。
- 提高身體調節溫度的能力。
- 改善怕冷體質。

撥筋手法	划撥、直撥	適用工具	
執行時間	約15～20分鐘	建議次數	每一步驟3回合（1回合=7次）

入秋以後，早晚溫差變大，許多人的血液循環也會跟著變差，末梢血液循環不良，體溫調節作用紊亂，便手腳冰冷、腰痠背痛，讓人難過的不知該如何是好！手腳冰冷常發生於老年人、女性、糖尿病患者、心臟病患者、有二尖瓣脫垂問題的族群，而改善四肢冰冷關鍵就在於「調氣血」，氣血循環好了，末梢自然就不冰冷了。建議可以常做搓耳保健操（詳見52～53頁），促進血液循環。

關鍵經絡部位 & 穴位

關鍵穴道 ▶ 腎經：湧泉穴

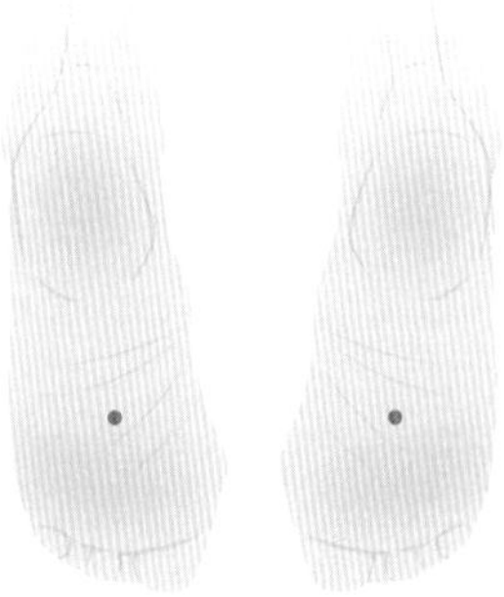

關鍵：

Step1

以40℃左右的熱水泡腳30分鐘（詳見67頁）或用手將腳踝、腳掌搓熱。

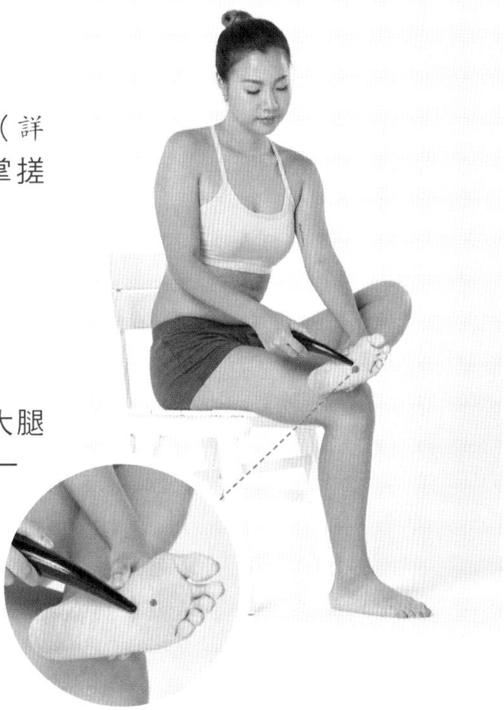

Step2

坐下，一腳舉高放在另一腳的大腿上，腳掌朝上，一手輕扶固定，一手持撥筋棒對腳心前1/3位置的凹陷處（湧泉穴）划撥3分鐘，力道可稍微加強。完成後，換腳重複相同動作3分鐘。

Step3

從腳跟往腳趾方向，分上半段、中段、後半段3個腳底板區塊直撥，重複3回合。完成後，換腳重複相同動作3回合。

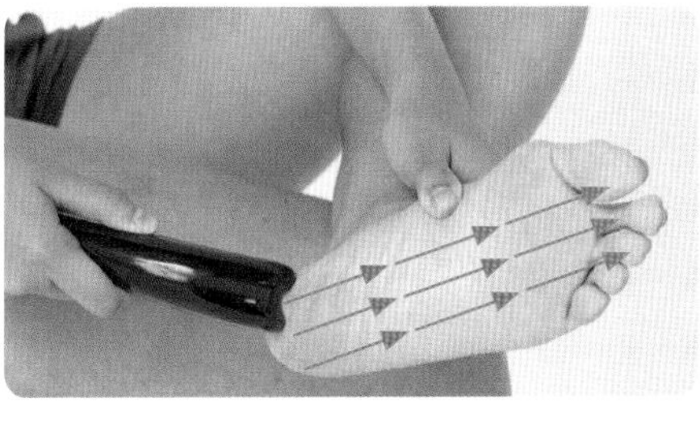

Step4

以腳跟為中心，沿著腳掌兩側往腳趾方向直撥，重複3回合。完成後，換腳重複相同動作3回合。

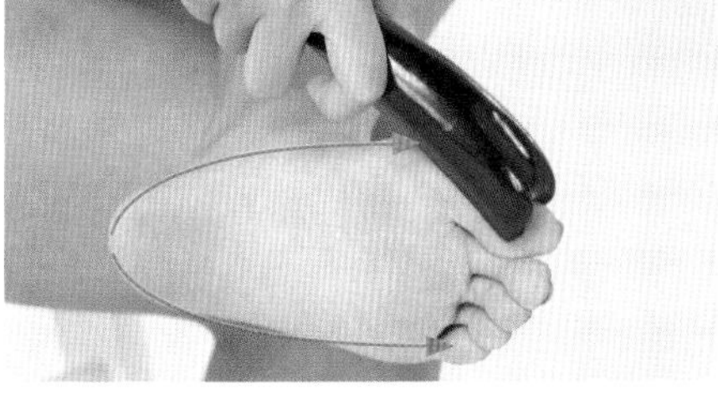

Step5

由腳踝沿著腳背往腳趾方向直撥，重複3回合。完成後，換腳重複相同動作3回合。

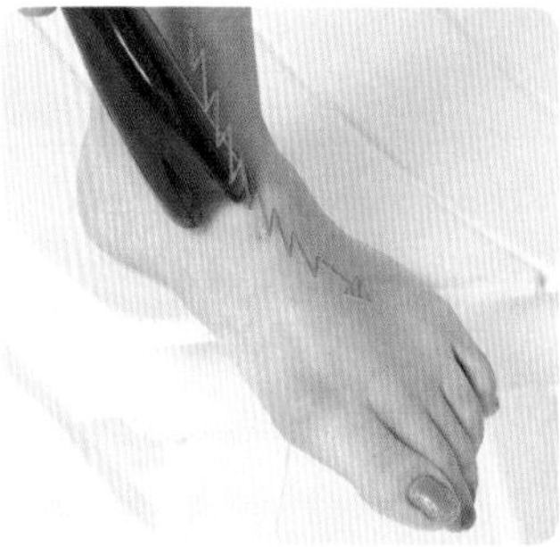

Step6

沿著腳踝上方約2指處，由上而下，直撥腳踝一圈，重複3回合。完成後，換腳重複相同動作3回合。

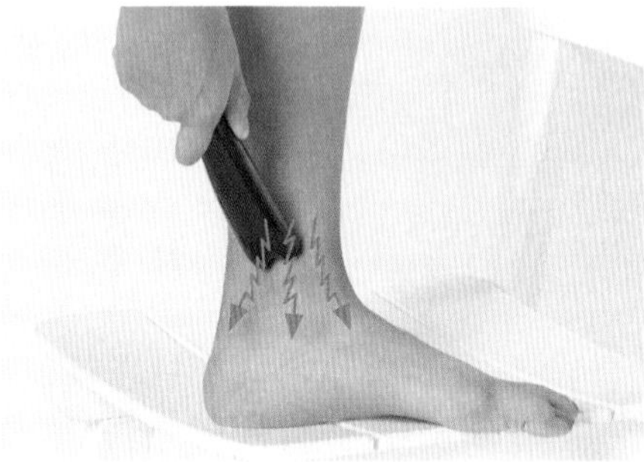

蕭老師隨堂重點摘要

中醫稱手足冰冷的表現為「厥逆」，根據發生原因不同，可分為寒厥、熱厥、蛔厥、痰厥、氣厥等類型。不同類型的厥逆，除了手足冰冷表現是共通的特性以外，其他外部表現上有著很大的差別，治療方式也不一樣，建議先找中醫師諮詢後再治療，切勿自行盲目大溫大補。

類型	外顯表現	常見族群
厥	手足冰冷、面色萎黃、唇舌淡白、小腹發涼	老年人、體弱多病者
蛔厥	手足出現陣發性冰冷，發作時，腹痛難忍、面色發青、身出冷汗等，過後如常	腹中有蛔蟲者（驅蟲治療後，就會痊癒）
痰厥	常胸脘滿悶、喉有痰聲，甚至晨起嘔、吐痰水、口黏	痰濕阻滯、胸陽不能宣發者
真熱假寒	手足冰冷、有灼熱感、怕熱、口渴喜冷飲、便秘、小便黃赤	熱邪閉鬱者
氣厥	手足冰冷	長期情志不舒、寡歡者

養身益氣

第7招 這樣撥筋消除肩頸負重疲累

撥筋功效
- 消除疲勞，放鬆肌肉。
- 促進血液循環。
- 消除肩頸痠痛。
- 減輕肩頸的疲累感。

撥筋手法	划撥、橫撥	適用工具	
執行時間	約15～20分鐘	建議次數	每一步驟3回合（1回合=7次）

肩頸痠痛是指後腦根部、頸部至肩胛骨部位間的疼痛，85%是由肌肉或韌帶受傷引起，多是長期姿勢不正確，造成頸部肌肉疲勞、韌帶拉傷所致，大多數人只要經過適當治療，並改善不良姿勢或習慣就可以恢復，只有極少數的人會變成慢性疼痛，造成生活或工作上的困擾。肩頸痠痛只要找出病因，定期診治，痊癒的機率是很高的。

關鍵經絡部位 & 穴位

關鍵穴道

督脈：1 風府穴、2 大椎穴
膀胱經：3 天柱穴
膽經：4 風池穴、5 完骨穴、6 肩井穴

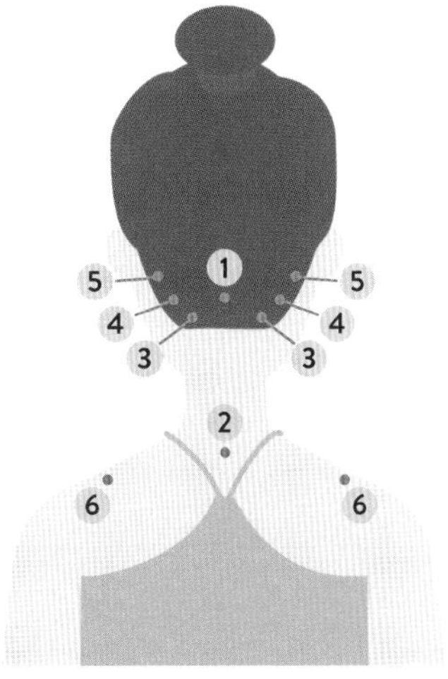

關鍵：

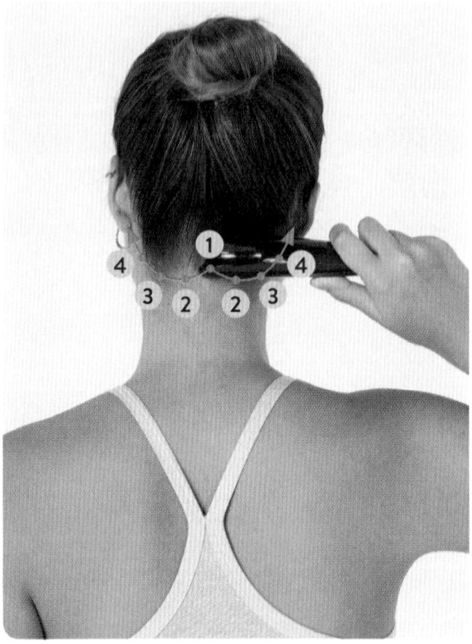

Step 1

從後腦中央、枕骨下方（①風府穴），沿著枕骨下緣（②天柱穴、③風池穴、④完骨穴）由內往外地划撥到耳際下方，重複3回合。完成後，換邊重複相同動作3回合。

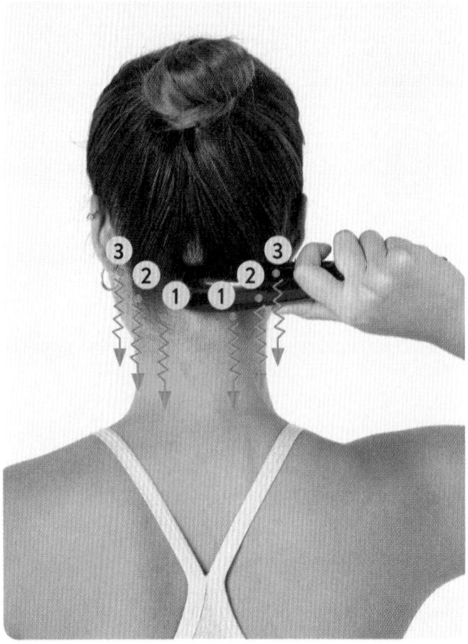

Step 2

從枕骨下緣（①天柱穴、②風池穴、③完骨穴）由內而外，向下橫撥到頸根，重複3回合。完成後，換邊重複相同動作3回合。

PART 3

不一樣的撥筋養身／益氣／養心法

Step3

從頸後骨突處（1 大椎穴）往兩側肩頭由上而下、由內而外撥筋，並對肩膀中間位置（2 肩井穴）多划撥幾次，力道可稍微加重，重複3回合。完成後，換邊重複相同動作3回合。

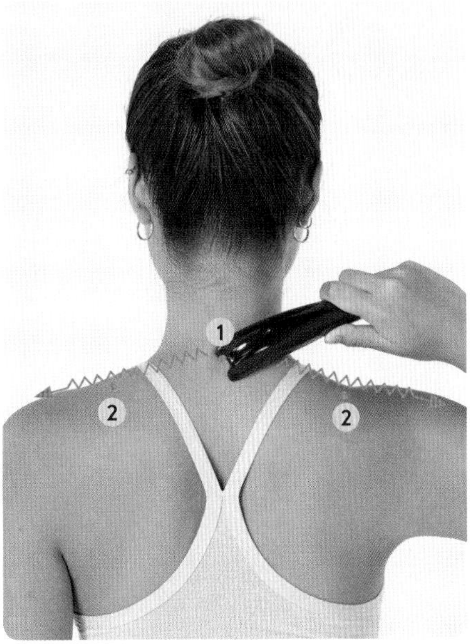

Step4

進行聳肩動作20次。

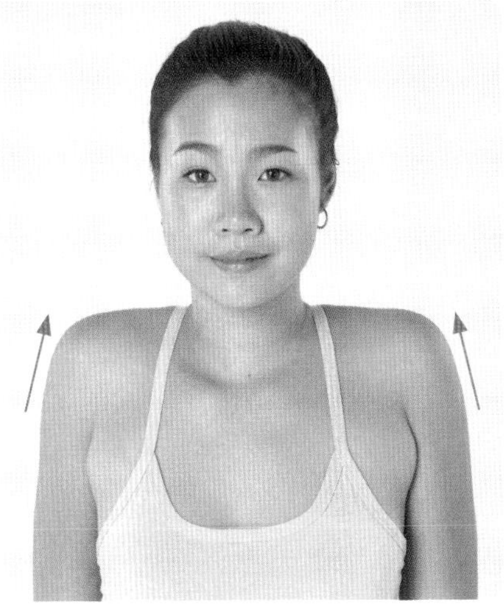

蕭老師隨堂重點摘要

救救五十肩！

對頸子撥筋的重點在於幫助肩頸部位的肌群（包括胸鎖乳突肌、斜方肌、三角肌等肌群等）及肌膜放鬆，但對於有五十肩困擾的人也有幫助。嚴重五十肩問題者一定要找專業的醫師診治，但日常也可以透過自己DIY撥筋減輕疼痛。

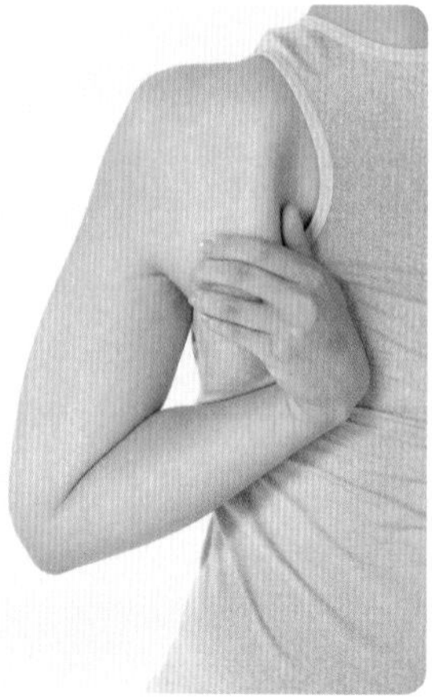

▶有五十肩問題的人，肩胛骨通常會有沾黏問題（圖為正常、無沾黏問題的肩胛骨）。

類型 1　手無法向上舉者

1 以工具推頂並划撥肩胛骨的凹陷處（1 天宗穴），及後背腋窩夾縫附近（2 肩貞穴）。

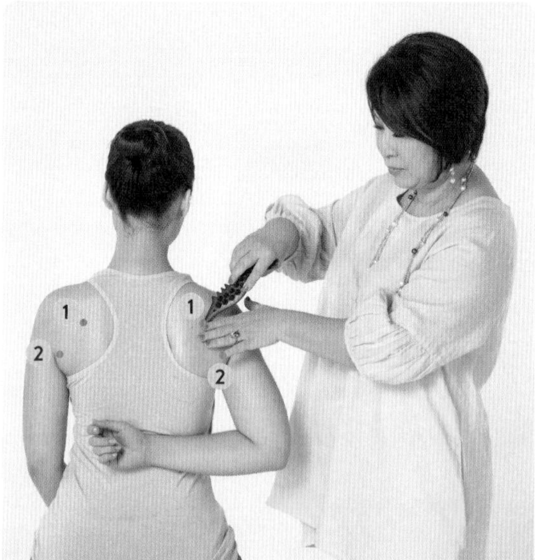

2 從肩膀由內往外、往下對整個肩胛骨（斜方肌，圖中色塊所示）划撥。

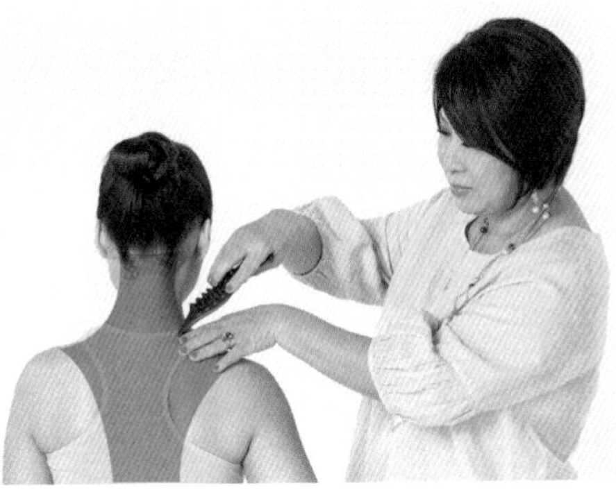

類型 2　手無法往後舉者

1 以工具推頂鎖骨肩峰端與肩胛骨之間的凹陷處（巨骨穴）。

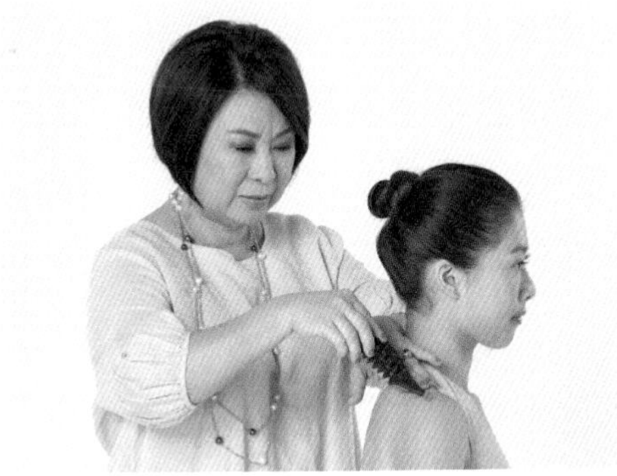

2 加強橫撥肩膀至肩窩的肌肉（圖中色塊所示）。

養身益氣

第8招 這樣撥筋解救腸胃脹氣

撥筋功效
- 消除胃凸及胃脹氣。
- 緩解胃痛，促進水分代謝。
- 促進腸胃蠕動，代謝腹部脂肪。
- 活絡消化，喚醒腸胃道功能。

撥筋手法	划撥、橫撥	**適用工具**	
執行時間	約15～20分鐘	**建議次數**	每一步驟3回合（1回合＝7次）

吃東西或講話時不經意吞入太多氣體，或腸道中積塞太多廢物以致產生氣體，或是氣體由血液中擴散進入腸道，引起腹脹不適。此外，緊張、生活壓力、活動力低，以及常吃高油脂、高熱量及甜食的人，與腸胃功能還不成熟的孩童、消化功能退化的老年人也都比較容易脹氣，而有胃食道逆流、胃及十二指腸潰瘍者更是脹氣常客。建議易脹氣者要避免冰品，以免胃腸蠕動變慢，衍生脹氣、排便不順等問題。

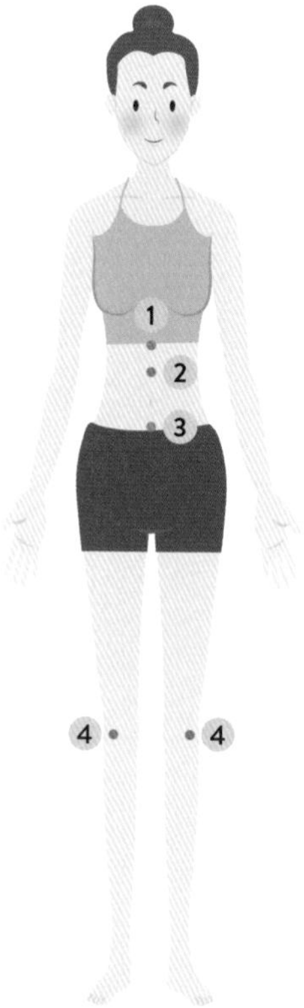

關鍵經絡部位 & 穴位

關鍵穴道
- 任脈：①中脘穴、②水分穴、③關元穴
- 胃經：④足三里穴

關鍵：

Step 1

從上腹部、距肚臍上方1個手掌處（❶中脘穴）垂直向下橫撥至肚臍下方、小腹中間（❷水分穴、❸關元穴），重複3回合。

Step 2

用雙手大拇指頂住此處（中脘穴）往下壓。下壓時，身體配合下彎再直立，重複3回合。

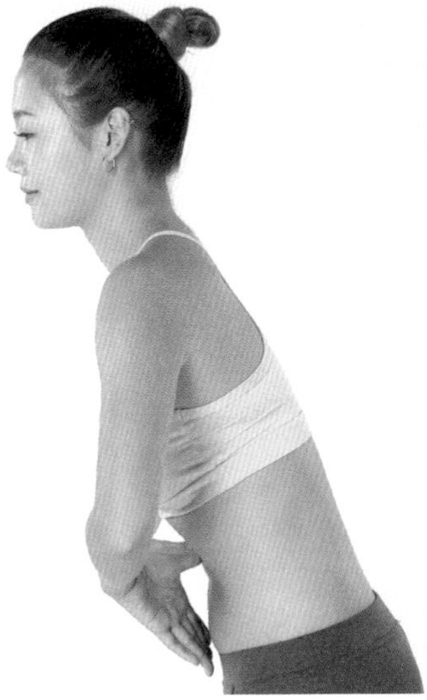

Step3

一腳屈起，跨在椅子上，對膝蓋下方（足三里穴）加強撥筋後，沿著脛骨外側向下橫撥（或划撥）至第二個趾關節出去，重複3回合。完成後，換邊重複同樣動作3回合。

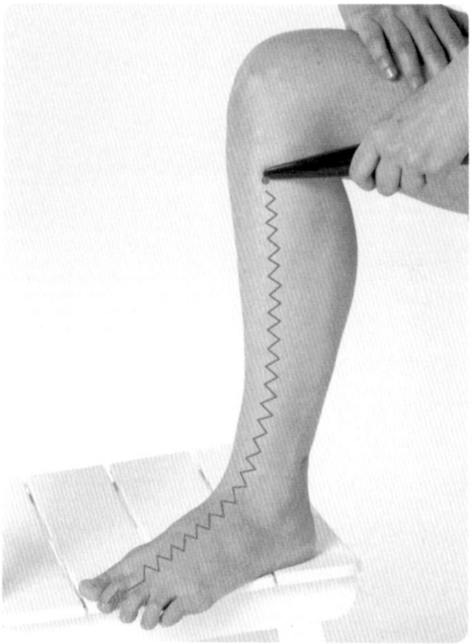

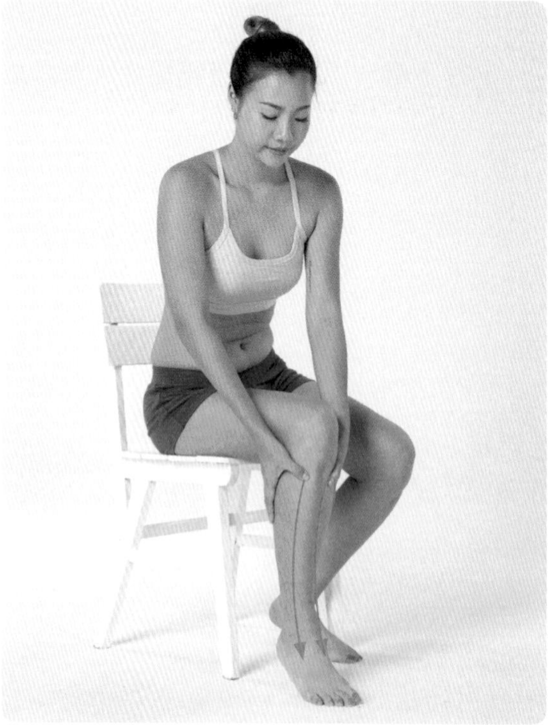

Step4

坐下，用雙手拇指指腹從膝蓋下緣沿著脛骨及脛骨外側往下順氣至腳掌而出，重複3回合。完成後，換邊重複同樣動作3回合。

蕭老師隨堂重點摘要

許多食物都會導致腸胃不適與脹氣，宜適量攝取，例如油膩膩的**肉食**含有大量脂肪，且消化時間長，吃多了自然腸胃不舒服；**糯米製品**的黏性比較強，不容易消化，也不宜多吃，尤其是用油煎、炸的年糕，增加油脂，更難消化；**甜食**會刺激胃酸分泌，中醫認為吃太多會損傷脾胃，易生痰濕，所以腸胃不好者應節制；**酒**則是大辛大熱、具高刺激性的食物，喝多了易損害脾胃，也會引起胃痛。

至於健康食物——**堅果類**也不是人人都能吃，因為含較多油脂，具滑腸作用，便秘者吃了助通便，但腸胃功能較弱者吃過多，卻可能會引起腹瀉喔！

搶救腸胃不適的小撇步

吃太補

吃太多燥熱補品容易腹部脹氣，有些人甚至會口乾舌燥，夜晚無法入眠。這時候不妨吃一些白蘿蔔或喝一點白蘿蔔清湯，有助於消減補性，解除胃腸脹氣。

吃太油

飯後半小時不妨喝些用山楂、陳皮煮水的茶飲，能幫助消食化積、理氣和胃，緩解消化不良引起的腹脹、腹痛。

胃虛寒

有些人屬於偏虛寒體質，怕冷、手腳冰涼，冬天時尤其容易胃寒不適，可多食肉桂、乾薑等溫熱性的食材來幫助暖胃，防止胃痛。

噁心反胃

薑能輕微地刺激胃酸分泌，幫助消化，但又不會過度刺激腸胃道，所以感覺噁心反胃時，不妨擠幾滴生薑汁到涼開水裡飲用，可幫助止吐。

養身益氣

第9招 這樣撥筋膝關節不卡卡

撥筋功效
- 促進血液循環。
- 緩解膝部疼痛不適。
- 延緩膝關節退化。
- 穩定膝關節，減緩關節磨損。

撥筋手法	划撥、直撥	適用工具	
執行時間	約15～20分鐘	建議次數	每一步驟3回合（1回合＝7次）

老化從四肢開始，年紀漸長，體重越重，膝關節負擔加重，加上腿部肌肉欠缺鍛鍊又使用過度，當然會卡卡。大腿肌肉是胃經的路徑，脾、胃互為表裡，脾主肌肉，所以脾臟與肌肉直接相關，脾功能正常，自然肌肉豐滿、四肢利索；如脾氣虛弱，肌肉自然瘦削、四肢無力。要保持膝蓋強壯，除了適度地常鍛鍊膝蓋周圍的肌群外，平日也可透過按撥筋摩來被動地保健膝蓋。

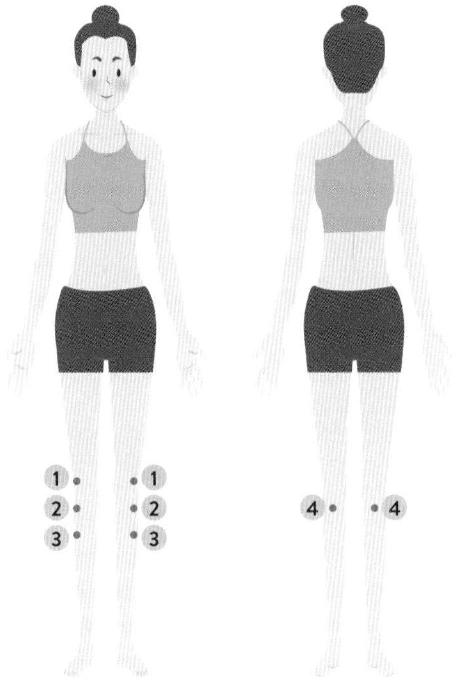

關鍵經絡部位 & 穴位

關鍵穴道 ▶ 胃經：1 梁丘穴、2 外堵鼻穴、3 足三里穴
膀胱經：4 委中穴

關鍵：

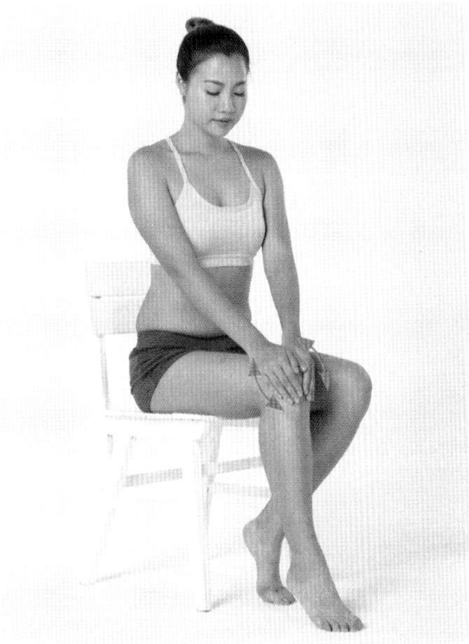

Step 1

坐下，雙手摩擦生熱，以手掌包覆一腳膝蓋搓揉生熱。完成後，換邊重複相同動作。

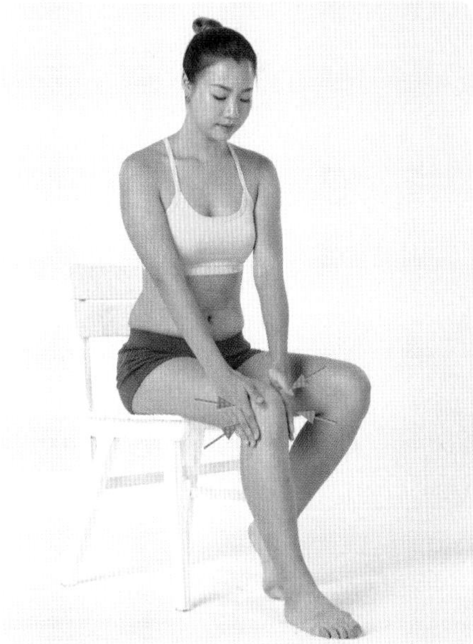

Step 2

以手掌拍打膝蓋兩側，至皮膚略紅。完成後，換邊重複相同動作。

Step3

雙腿前伸，膝蓋打直，在空中上下搖晃，就像踢水一樣。

*這個動作可以幫助鍛鍊腿部四頭肌（圖中色塊所示），幫助分擔膝蓋要負擔的壓力。

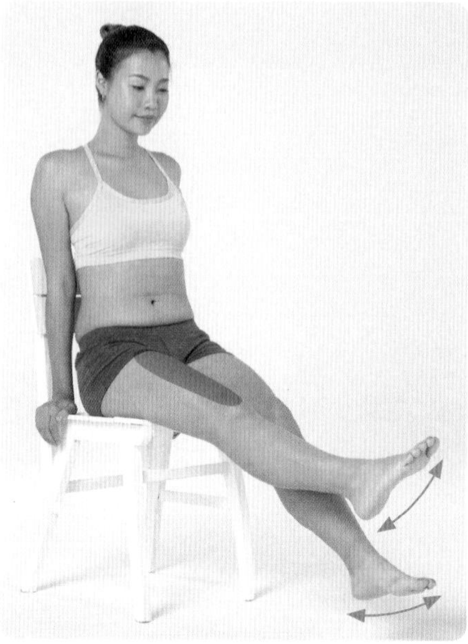

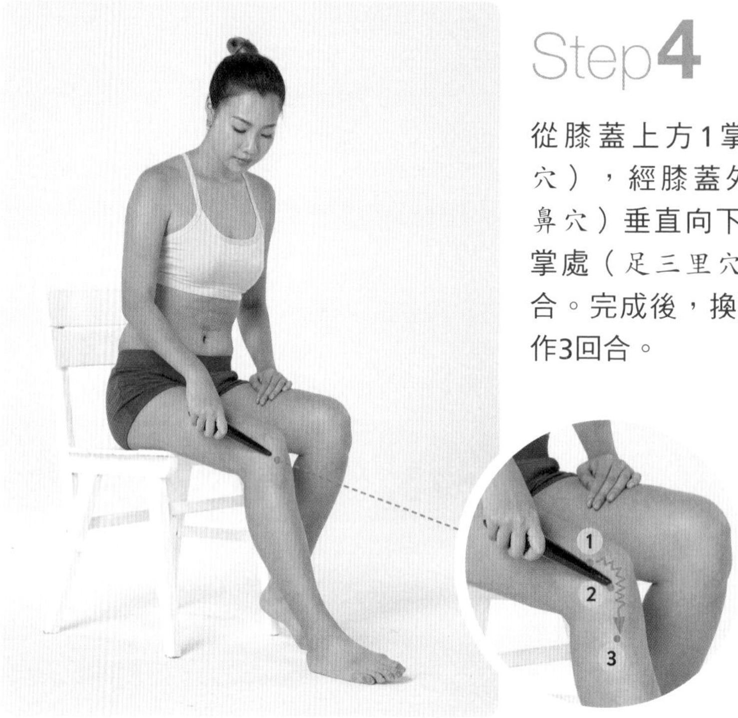

Step4

從膝蓋上方1掌處（1 梁丘穴），經膝蓋外側（2 外堵鼻穴）垂直向下橫撥至膝下1掌處（足三里穴），重複3回合。完成後，換邊重複相同動作3回合。

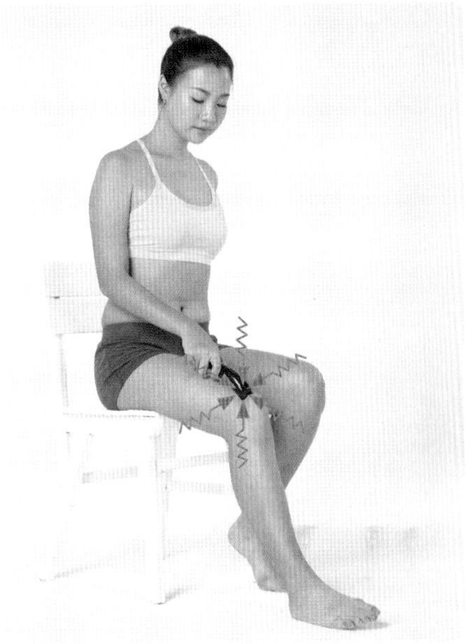

Step5

對膝蓋周圍肌肉加強橫撥3分鐘，力道可稍微加重。完成後，換邊重複相同動作3分鐘。

Step6

站立，側身對膝蓋後方膕窩（委中穴）加強划撥3分鐘。完成後，換邊重複相同動作3分鐘。

蕭老師隨堂重點摘要

膝蓋是承受人體重量的重要關節，膝蓋不好，可能會引發腰部、臀部、髖關節或腳踝的疼痛，因此年紀愈大，膝蓋愈需要保養，而**鍛鍊大腿部的四頭肌（大腿前面的大肌肉）可以幫助分擔膝蓋的壓力**，且四頭肌的位置正好是胃經的路徑，這部分的肌肉鍛鍊好了，連腸胃都會變好喔！

保養膝關節，每天這樣做！

1 每天睡前按摩腳底湧泉穴，並以溫熱水泡腳20～30分鐘。
2 睡前、睡醒時，先搓熱雙手按摩膝蓋。
3 下床前，先坐在床邊（或椅子上）抖抖腳，做陸上踢水的動作再下床。
4 隨時隨地墊腳尖。

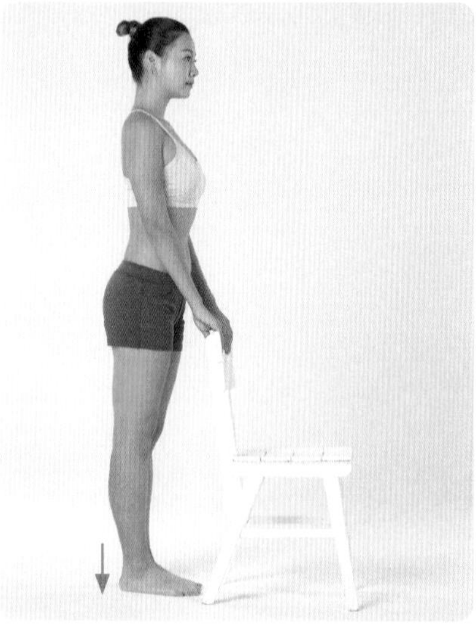

第10招 這樣撥筋軟化僵硬肌肉

撥筋功效
- 疏通經絡。
- 促進氣血循環。
- 軟化僵硬的肌肉。
- 舒緩身體的疲憊感。

撥筋手法	划撥、梳	**適用工具**	
執行時間	約15～20分鐘	**建議次數**	每一步驟3回合（1回合＝7次）

肩頸僵硬痠痛好像已成為最流行的國民病，幾乎每個人都有這方面的問題，其實長期工作勞累、姿勢不正確、沒有運動習慣等等都會造成肌肉僵硬、筋結勞損、肩頸痠痛的困擾，而痠痛問題又會引發頭痛、失眠等病症，所以養成良好的生活與固定運動習慣是我們共同要學習的課題。

關鍵經絡部位 & 穴位

關鍵穴道

膽經： 1 肩井穴
大腸經： 2 巨骨穴、3 肩髃穴
小腸經： 4 肩中俞穴、5 肩外俞穴、6 天宗穴、7 肩貞穴

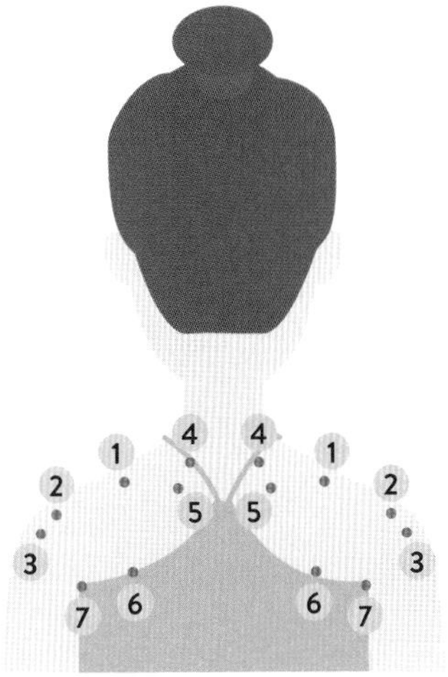

步驟示範

關鍵：

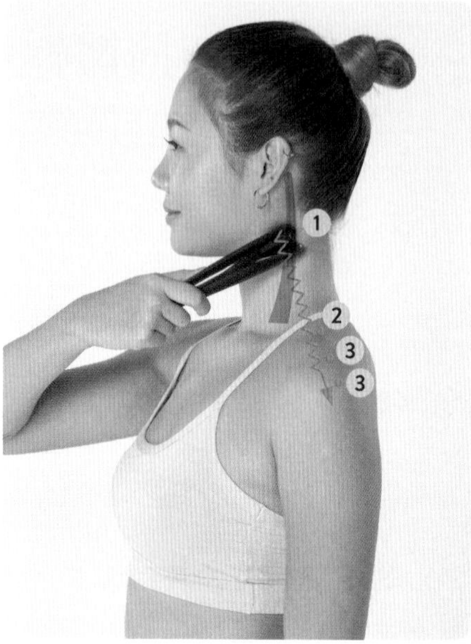

Step 1

沿著耳後頸部肌肉（1 胸鎖乳突肌）、肩線（2 肩井穴、3 巨骨穴、4 肩髃穴）、肩頭斜撥而出，重複3回合。完成後，換邊重複相同動作3回合。

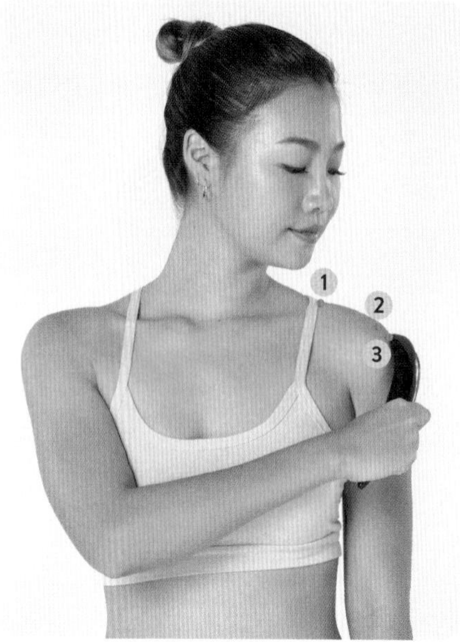

Step 2

對肩膀中間、肩頭（1 肩井穴、3 巨骨穴、2 肩髃穴）分別加強橫撥3分鐘，力道可稍微加重。

Step3

對肩胛骨划撥，並對肩胛骨中間位置（1肩中俞穴、2肩外俞穴）及肩胛骨凹陷處（3天宗穴）加強划撥3分鐘，力道可稍微加重。

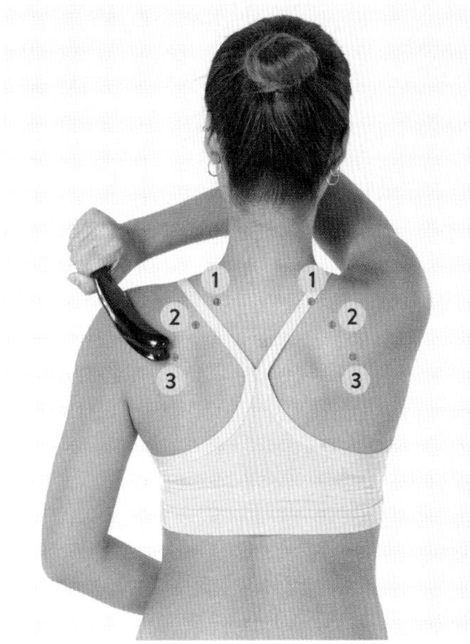

Step4

對靠近腋窩橫紋處的後背肌肉（肩貞穴）加強划撥3分鐘，力道可稍微加重。

蕭老師隨堂重點摘要

如果肩膀的肌肉僵硬到連手都舉不起來做撥筋怎麼辦？

建議先鬆弛肩膀肌肉，等手能舉起時再做撥筋，或是請人幫自己撥筋，等之後能舉手時再自己來，千萬不要勉強自己，以免加重症狀。

幫助肩膀鬆弛，請這樣做！

- 隨時拿撥筋棒敲敲肩胛骨凹陷處（天宗穴），及靠近腋窩橫紋處的後背肌肉（肩貞穴）。
- 去公園吊單槓，一次3個回合（1回合＝7次），一天3回合。
- 將網球放在肩胛骨下方來回滾動，躺著、站著都可以做（如下圖）。

養心靜氣

本單元示範／林海兒

第1招 這樣撥筋趕走失眠問題

撥筋功效

- 疏通經絡。
- 促進氣血循環。
- 幫助放鬆全身肌肉。
- 寧心安神，鎮靜催眠。

撥筋手法	划撥、斜撥、橫撥	適用工具	
執行時間	約15～20分鐘	建議次數	每一步驟3回合（1回合＝7次）

根據統計，台灣15歲以上的成人，每4個人就有1個人曾有失眠困擾，尤其是上班族，每天面對沉重的工作與生活壓力，失眠問題也就不斷浮現，每天晚上躺在床上翻來覆去，不管怎樣滾，就是睡不著，閉上眼睛，一隻、二隻……小羊數來數去，還是睡不著！

關鍵經絡部位 & 穴位

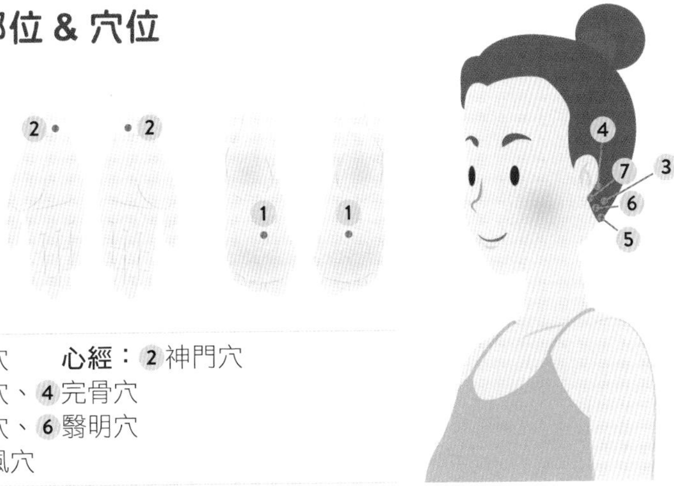

關鍵穴道

腎經：1 湧泉穴　　心經：2 神門穴
膽經：3 風池穴、4 完骨穴
奇穴：5 安眠穴、6 翳明穴
三焦經：7 翳風穴

步驟示範 **關鍵：**先用熱水泡腳或將腳搓熱後，再進行撥筋。撥筋前先抹霜。

Step 1

以40℃左右的熱水泡腳30分鐘（詳見67頁）或用手將腳踝、腳掌搓熱。

Step 2

坐下，一腳舉高放在另一腳的大腿上，腳掌朝上，以雙手指腹搓揉按摩腳底後，對腳底前1/3處的中心點（湧泉穴）加強划撥3分鐘，力道可稍微加強。完成後，換腳重複相同動作3分鐘。

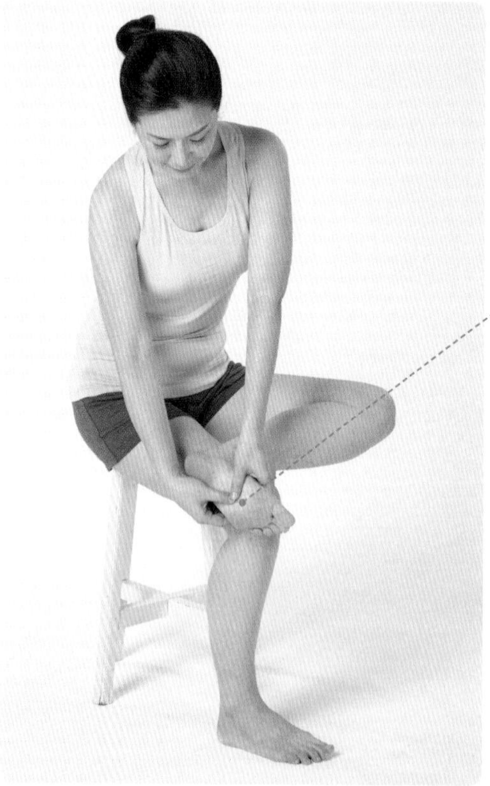

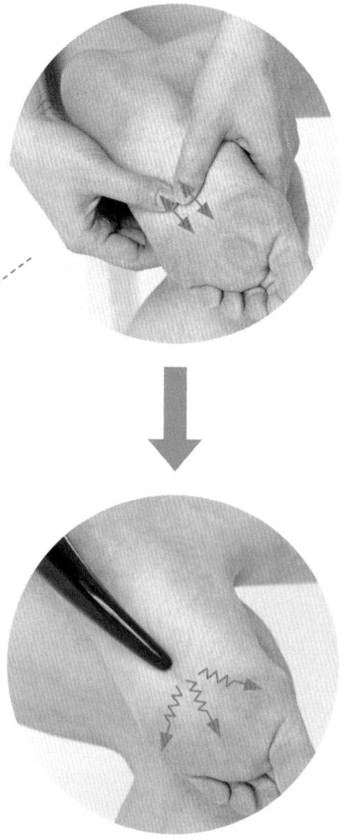

Step3

一手微彎，舉到身前，另一手持工具對手腕的橫紋側端，骨節下方凹陷處（神門穴）橫撥，重複3回合。完成後，換邊重複相同動作3回合。

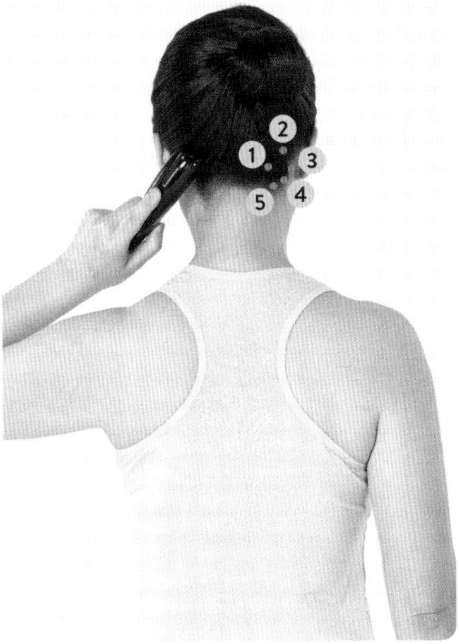

Step4

順著後腦枕骨下緣（①風池穴）往耳際下方（②完骨穴、③安眠穴、④翳明穴、⑤翳風穴）斜撥至下頷骨，重複3回合。完成後，換邊重複相同動作3回合。

Step5

對頭頂中央（百會穴）加強划撥1分鐘（或重複10次）。

＊平日用齒梳以兩重一輕的頻率對頭頂中央梳頭，可以幫助定神安眠喔！

蕭老師隨堂重點摘要

神門穴是心經的重要穴道之一，可幫助寧心安神，經常按摩，有助於改善頭痛、提神醒腦、調節自律神經、幫助睡眠及改善心悸等。有一個簡單按摩法，沒有時間、空間的限制，經常做，能有效趕走失眠。

按摩步驟

1. 在欲按摩一手的腕部抹霜後舉起，掌心朝己。
2. 另一手反手以大拇指、食指扣緊欲按摩一手腕部橫紋的部位。大拇指第一個關節要扣住**神門穴**。
3. 被按摩的手轉動手腕，固定手扣緊手腕不動。
4. 換手進行。

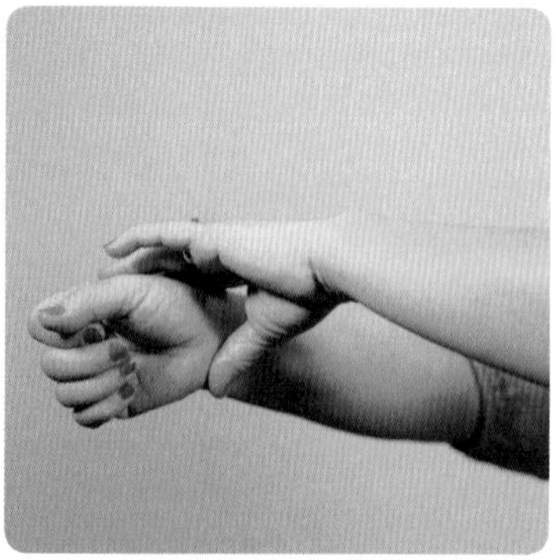

第2招 這樣撥筋釋放大腦壓力，活化腦細胞

撥筋功效
- 提高專注力。
- 增強或改善記憶力。
- 加速腦細胞代謝。
- 幫助大腦發揮高效能的運作力。

撥筋手法	划撥、梳	適用工具	
執行時間	約15～20分鐘	建議次數	每一步驟3回合（1回合=7次）

現代人生活壓力大，對大腦和身體都是一種傷害，就有醫學臨床研究指出，長期壓力對大腦記憶力的傷害程度，雖然因人而異，但卻是肯定的。請想想看！你是否曾經在長時間忙碌工作後，自覺記憶力變差了？別擔心，這可能只是短暫現象，只要多多活動，就能幫助你搶救記憶力、讓腦細胞恢復活力。

關鍵經絡部位 & 穴位

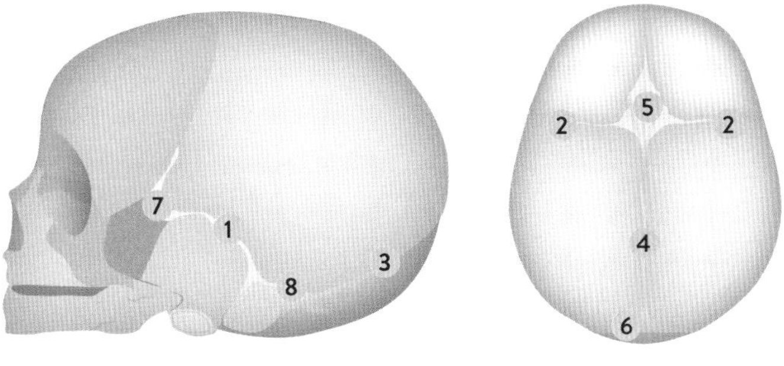

關鍵穴道

1 鱗狀縫合、2 冠狀縫合、3 人字縫合、4 矢字縫合、5 額囟、6 枕囟、7 蝶囟、8 乳突囟

步驟示範

關鍵：先舒緩頭側的壓力，再進行全頭部的撥筋。撥筋前先抹霜。

Step 1

沿著頭部兩側耳朵邊緣（鱗狀縫合）從上而下划撥3回合。完成後，換邊重複相同動作3回合。

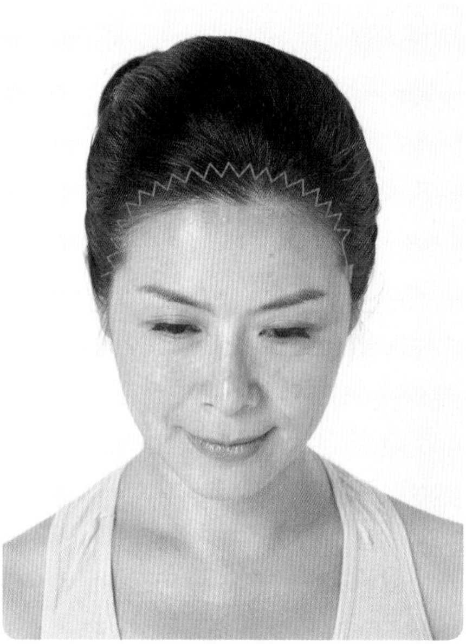

Step 2

以齒梳沿著髮際邊緣（冠狀縫合）朝同一方向以兩短一長的頻率梳3回合。

Step3

對後腦枕骨上緣（人字縫合）位置及枕骨下緣進行橫撥。

Step4

以工具齒梳一側沿著頭頂中線以兩重一輕的頻率往後梳（矢字縫合）。

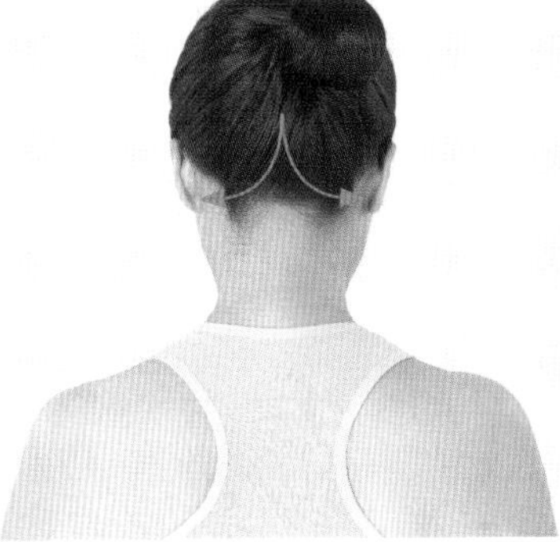

Step5

撥筋結束，進行梳頭及拉髮各1回合（詳見第85頁）。

蕭老師隨堂重點摘要

頭顱是由8塊骨頭組成的，骨頭與骨頭間存在著縫隙，當我們還是小寶寶時，頭蓋骨之間是柔軟、有空隙的，以膜性結締組織、軟骨聯繫連結，給大腦成長的空間，這種空隙就是大家常聽到的「囟門」，總共有7個（包括1個額囟、2個枕囟、2個蝶囟、2個乳突囟）。但隨著年紀成長，腦部及身體逐漸發育成熟，骨縫便會逐漸密合。所以長大後，如感到頭昏腦脹、頭痛發熱、頭部不適時，只要常常在這些骨縫的位置按摩撥筋，就可以有效舒緩頭部的壓力。

養心靜氣

第3招 這樣撥筋紓解壓力&緩和情緒，找回專注&平靜

撥筋功效
- 調節自律神經。
- 幫助神經鬆弛。
- 緩和情緒，鎮定心神。
- 解除緊張焦慮。

撥筋手法	划撥、直撥	適用工具	
執行時間	約15～20分鐘	建議次數	每一步驟3回合（1回合＝7次）

五臟中與情志有關的臟腑是「肝」，肝經一旦淤塞，情緒較容易波動，易影響情志和諧，情志過激會損傷五臟功能，進而引發情志異常中醫認為「肝」屬木，肝膽互為表裡、肝腎同源，所以肝經、膽經都要疏通，才能有效。適當的情緒抒發有助於消除肝經的瘀滯，所以保持身、心、靈愉快很重要，日常飲食均衡、起居正常，對於情緒平穩、健康長壽也都非常有幫助。

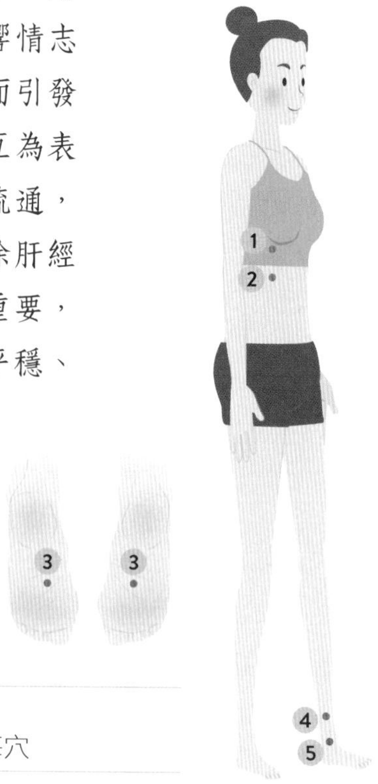

關鍵經絡部位 & 穴位

關鍵穴道 ▶
肝經：❶期門穴、❷章門穴
腎經：❸湧泉穴、❹太溪穴、❹照海穴

步驟示範 **關鍵：**胸骨、腳掌先搓熱後再撥筋。撥筋前先抹霜。

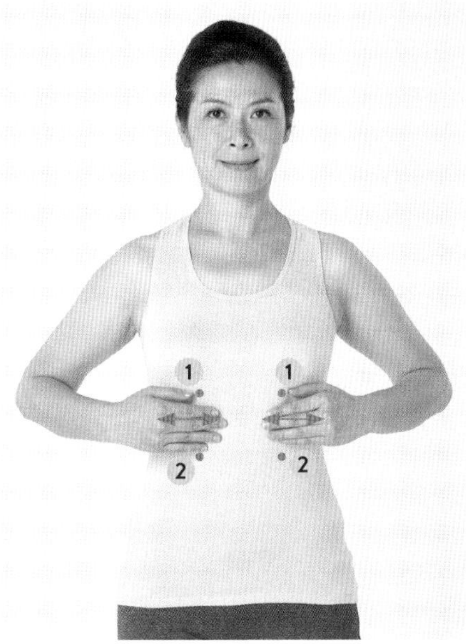

Step1

以雙手手掌前後移動，搓揉肋骨下方（①期門穴、②章門穴）至感覺有點熱。

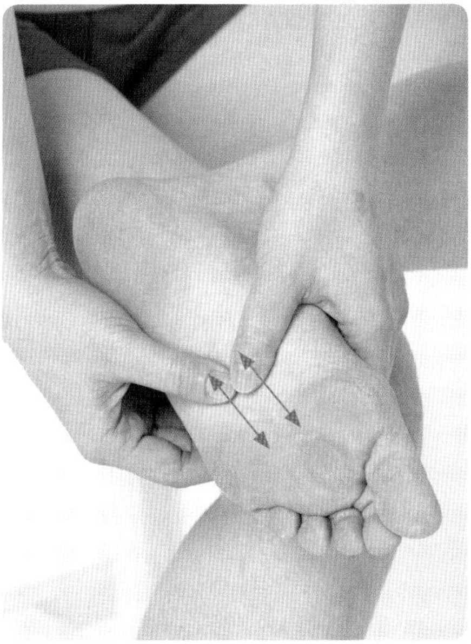

Step2

以雙手搓揉腳心（湧泉穴），直到腳底感覺生熱、靈活。完成後，換邊重複相同動作3回合。

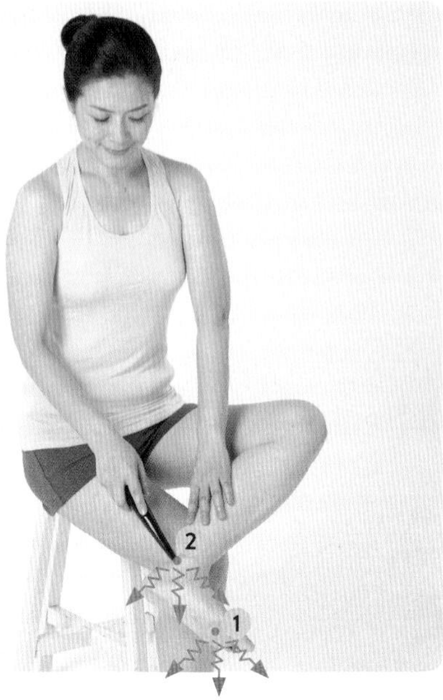

Step3

划撥腳心前1/3處（❶湧泉穴）及腳踝內側骨節附近（❷太溪穴）1分鐘（或重複10分鐘）。再從腳心划撥到腳踝內側的骨節附近。

Step4

從腳踝（❶太溪穴）往腳跟方向直撥後腳跟（❷照海穴）1圈。

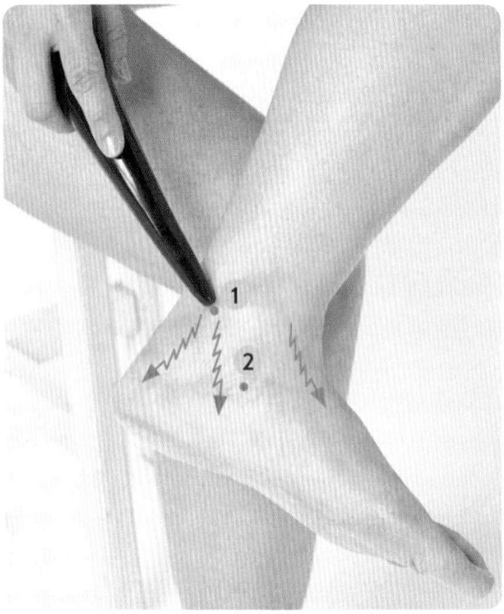

Step5

拉住大拇趾，幫腳踝轉圈。

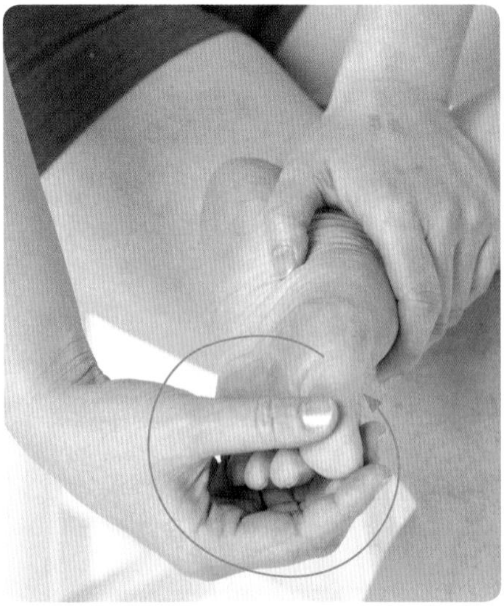

養心靜氣

第4招 這樣撥筋幫助身體放鬆，找回身心平衡

撥筋功效
- 寬胸理氣，調節心肺功能。
- 疏通經絡，促進血液循環。
- 舒緩胸悶感。
- 強化心搏力。

撥筋手法	橫撥、划撥、梳	適用工具	
執行時間	約15～20分鐘	建議次數	每一步驟3回合（1回合＝7次）

現代人常感覺身體有說不出來的不舒適，其實真正的問題來自於身體組織結構的不平衡，如營養攝取不均衡，或肌肉、骨骼、循環、臟腑、交感及副交感神經、細胞功能、心理等的不平衡。臟腑功能失常會透過經絡反應於體表、四肢、肌肉，引起情志表現不佳，情緒起伏不定、難以控制，所以必須趁早保養調理，以免讓表症因為拖延治療而變成裡症，錯失保養最佳時機，有句俗語說「醫生治假病、真病無藥醫」就是最好的講解。

關鍵經絡部位 & 穴位

關鍵穴道 ▶ 任脈：①膻中穴　心經：②少府穴

步驟示範 **關鍵：**先梳髮幫助放鬆後，再進行撥筋。撥筋前先抹霜。

Step 1

進行梳髮1回合（詳見第85頁）。

Step 2

從鎖骨中間位置垂直向下橫撥到肚臍上方，重複3回合。

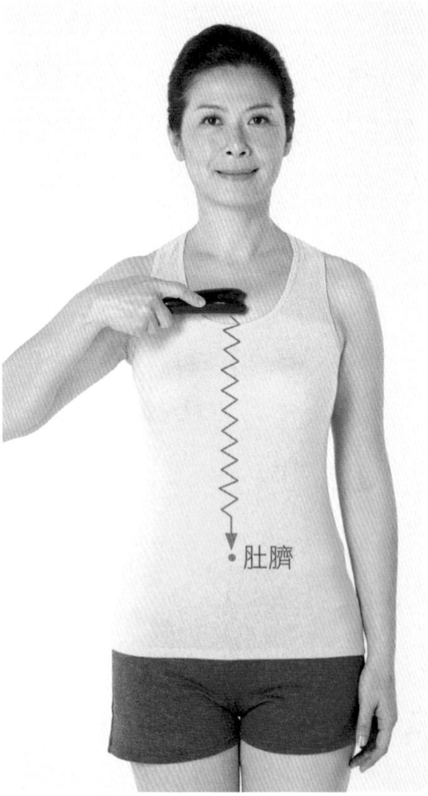

Step 3

對雙乳中間（膻中穴）加強划撥1分鐘（或重複10次）。

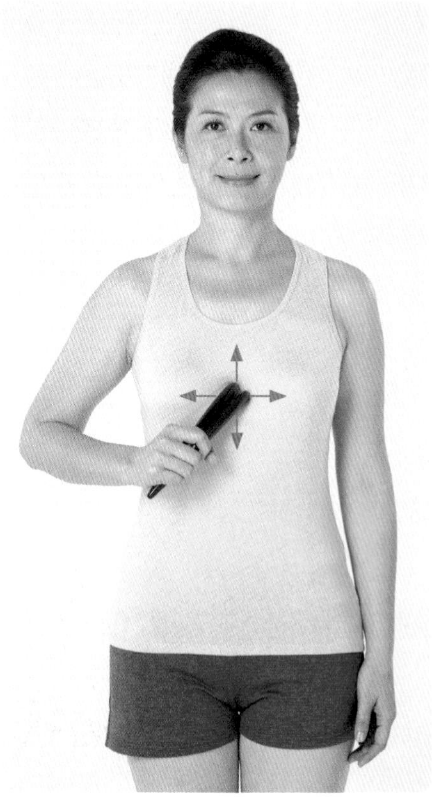

Step4

對握拳時，小指頭碰觸手掌處（少府穴）加強划撥1分鐘（或重複10次）。完成後，換邊重複相同動作1分鐘（或重複10次）。

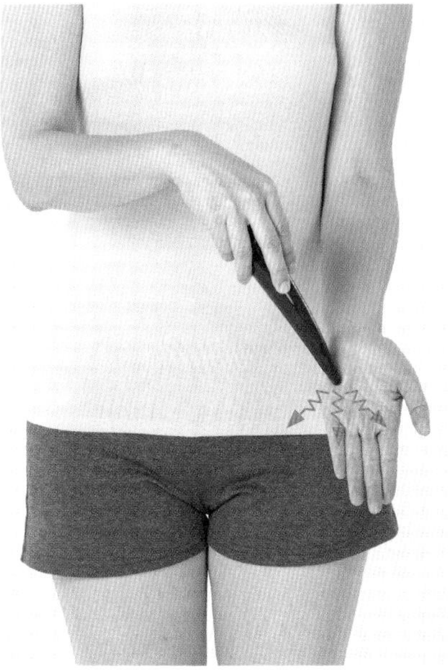

徒手按摩少府穴示範

少府穴屬於手少陰心經，是心臟排毒的重要穴位，我們全身的氣血都聚集在這個穴位，其主要作用是清心瀉火、行氣活血、清心除煩，經常按摩，好處多多，不僅可促進全身血液循環，還有助於預防心血管方面的疾病。

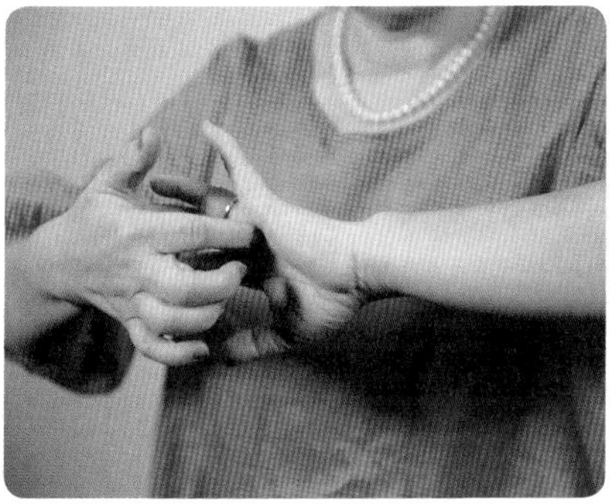

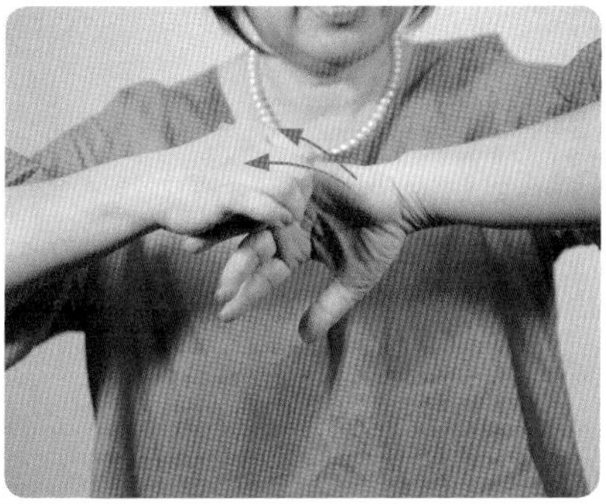

第5招 這樣撥筋幫助身體自我修復

撥筋功效

- 消除緊張感。
- 改善氣血循環，增進順暢。
- 幫助身體營養吸收和細胞修復。
- 促進器官運作協調。

撥筋手法	直撥、划撥、梳	適用工具	
執行時間	約15～20分鐘	建議次數	每一步驟3回合（1回合＝7次）

人體具有自癒的能力，但隨著長期辛苦工作、飲食不正常、熬夜、壓力等致積勞成疾、健康失衡，便會影響自癒力，不僅容易疲勞、痠痛、感冒、頭痛等，體態甚至會產生變化，如腋下、大腿外側出現贅肉，其實就代表那裡的經絡硬化、氣血不通，造成體液滯留、脂肪囤積，而撥筋利用工具撥動經絡、穴位，讓氣血流通順暢、臟腑恢復聯繫，幫助身體逐漸恢復平衡與自癒力。

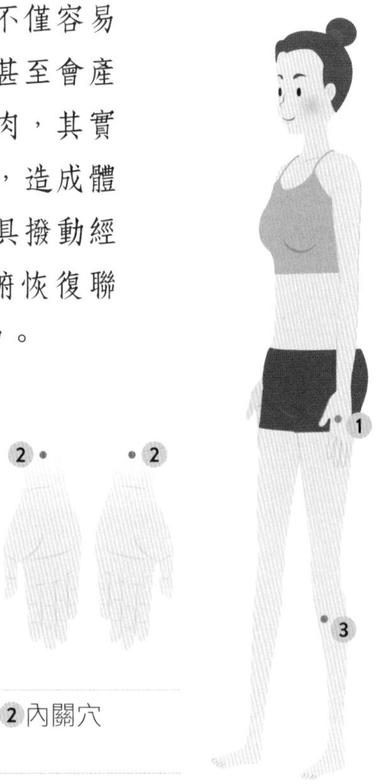

關鍵經絡部位 & 穴位

關鍵穴道 ▶ **大腸經：** ①合谷穴　**心包經：** ②內關穴
胃經： ③足三里穴

步驟示範

關鍵：撥筋前先抹霜。關鍵穴位可以先深壓加強效果後再進行撥筋。

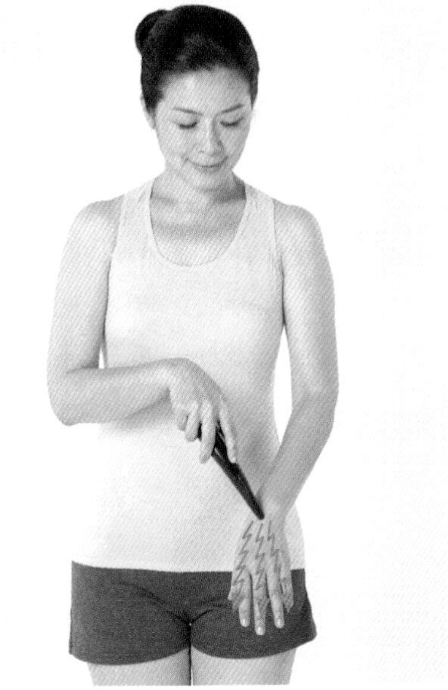

Step1

舉起一手放在身前，以另一手持撥筋棒尖端從手背往虎口（合谷穴）朝食指尖直撥，繼續幫整個手背直撥到指尖，重複3回合。完成後，換邊重複相同動作3回合。

Step2

從手腕內側、橫紋上方3指處（內關穴）橫撥至掌根，重複3回合。完成後，換邊重複相同動作3回合。

Step3

用工具的齒梳從掌根往指根方向以兩重一輕的頻率梳撥，重複3回合。完成後，換邊重複相同動作3回合。

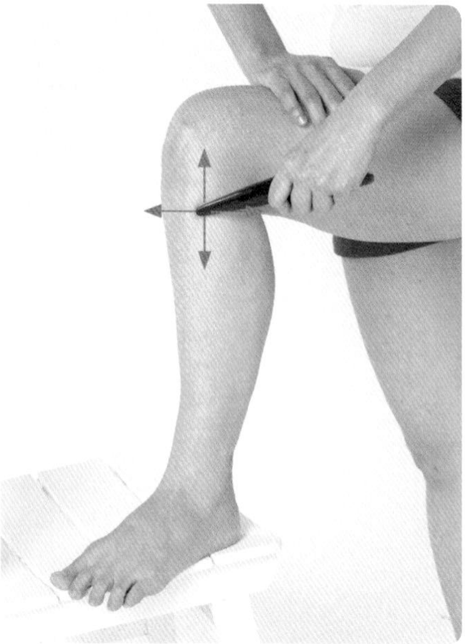

Step4

划撥、深壓膝蓋下緣外側4指處（足三里穴），重複3回合。完成後，換邊重複相同動作3回合。

養心靜氣

第6招 這樣撥筋可以鎮靜心神，調和精氣神

撥筋功效

- 促進經絡暢通。
- 改善氣血循環。
- 減緩焦慮情緒。
- 緩解倦怠感。

撥筋手法	點撥、直撥、橫撥	適用工具	
執行時間	約15～20分鐘	建議次數	每一步驟3回合（1回合＝7次）

現代幾乎有8～9成的人睡眠狀況都不好，每晚上了床，不是數羊數到黑眼圈，便是翻來覆去睡不著。睡眠不好便容易導致心火太旺、情緒亢奮、輾轉難眠，隔日當然心思不寧、精神萎靡。有這方面問題的人飲食宜清淡、少鹹，另外不妨多食一些苦的、寒性的食物，如苦瓜，或是飲用蓮子芯茶，可幫助平抑心火，情志調和，促進良好睡眠品質。

關鍵經絡部位 & 穴位

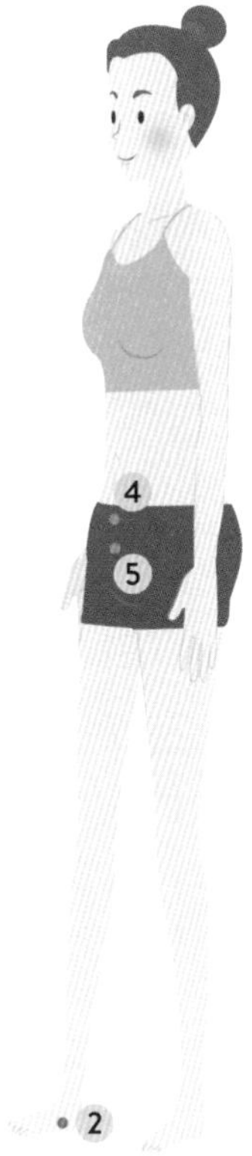

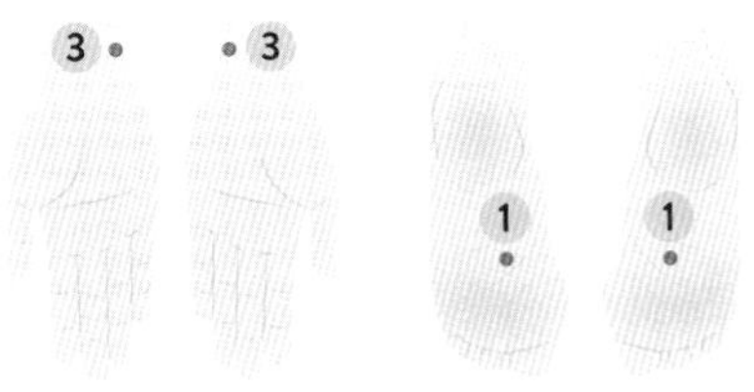

關鍵穴道

腎經：1 湧泉穴、2 然谷穴　　心經：3 神門穴
任脈：4 氣海穴、5 關元穴

步驟示範

關鍵：撥筋前先抹霜。關鍵穴點加強撥筋。

Step 1

以雙手拇指搓揉腳底前三分之一的凹陷處（湧泉穴）至腳心微熱，再對相同位置點撥1分鐘（或重複10次）。完成後，換邊重複相同動作。

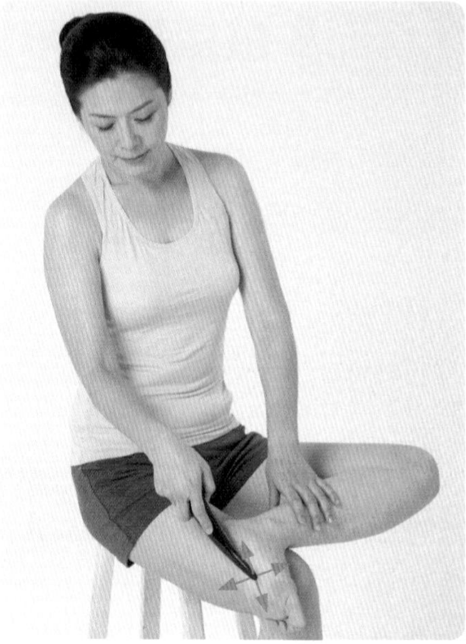

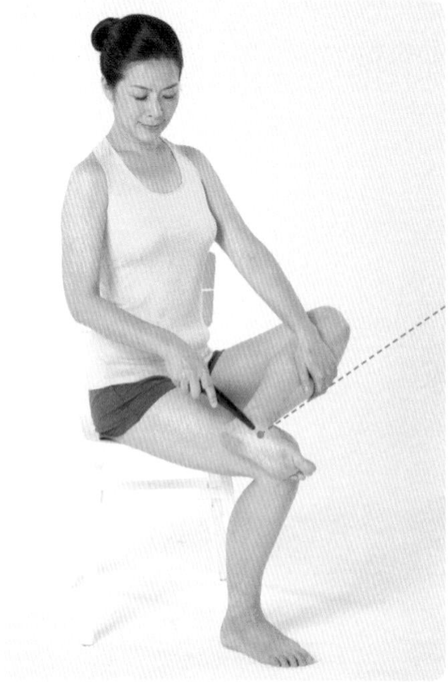

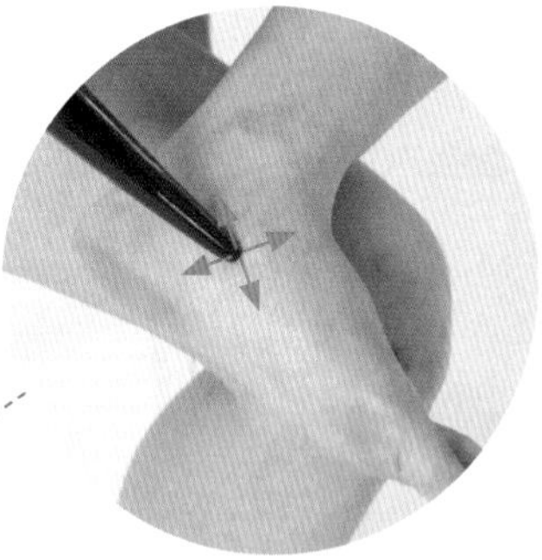

Step 2

對腳內側、靠近足弓處的骨節縫隙（然谷穴）加強點撥1分鐘（或重複10次）。完成後，換邊重複相同動作1分鐘（或重複10次）。

Step3

從腳跟往腳趾方向，分上半段、中段、後半段3個腳底板區塊直撥，重複3回合。完成後，換腳重複相同動作3回合。

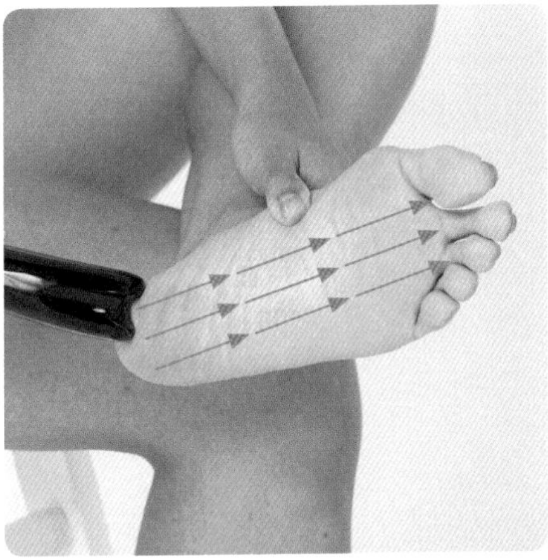

Step4

以一手大拇指第一個關節扣住另一手腕部的橫紋側端、骨節下方凹陷處（神門穴），被扣住一手轉動，按摩1分鐘（或重複10次）。完成後，換手重複相同動作1分鐘（或重複10次）。

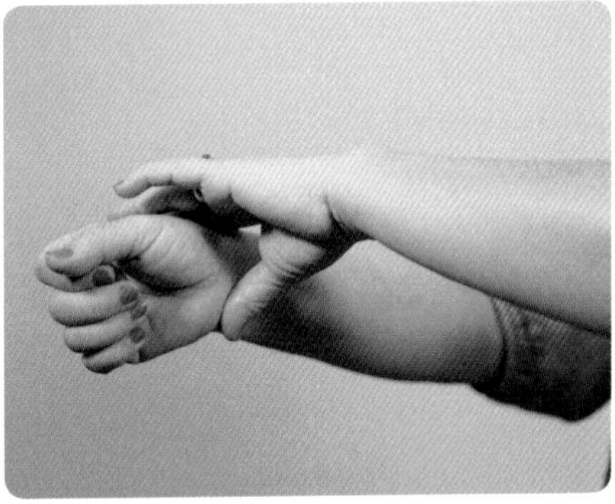

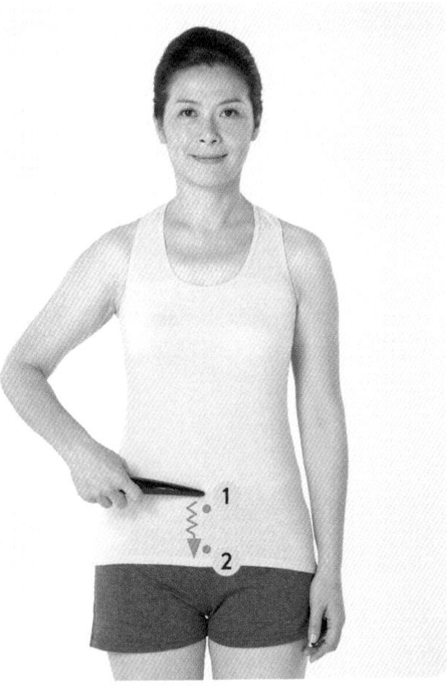

Step5

從肚臍垂直向下橫撥到下腹部1掌處（❶氣海穴、❷關元穴），重複3回合。

Step6

雙手手指交疊、微彎，從肚臍的右下方開始按順時鐘方向，以打圈的螺旋方式用指腹按壓、按摩腹部，重複3圈（約1分鐘）。外側大圈結束，縮小圓圈往中間按摩至肚臍。

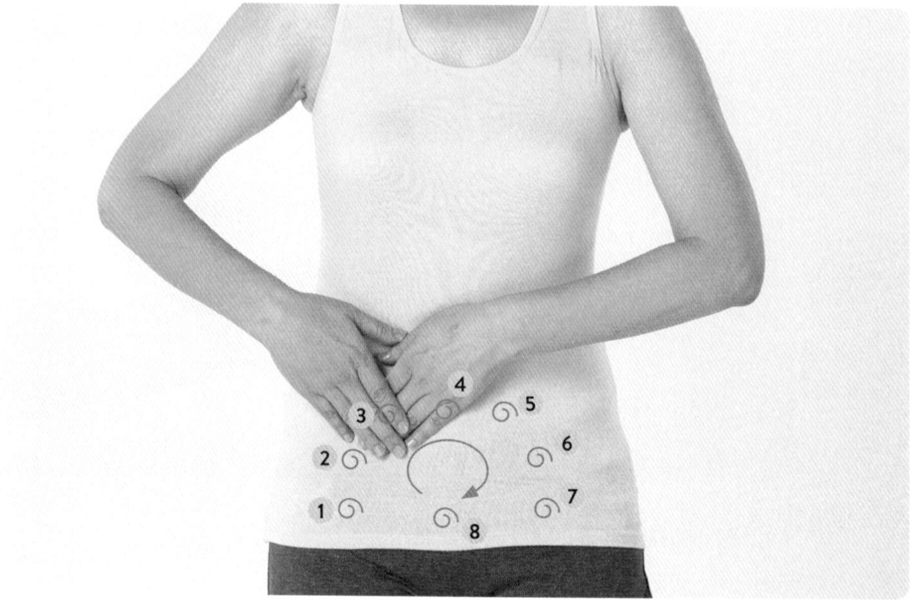

蕭老師隨堂重點摘要

《內經》說：「心主神明」、「心藏神」，「心」就是五臟六腑的主宰，精神活動的發源地，舉凡精神活動、思想意識都由心的功能來完成，因此若心火太旺，就會擾亂心神，心神被擾，心中自然煩熱、煩躁，無法靜心，必然難眠，因此建議要降心火，可以在睡前多多揉搓自己的腳心，因為五行理論中，心屬火，而腎屬水，湧泉穴是腎經的第一個穴，故能滅火。**睡覺前揉揉腳心，有助於沉澱心思，心情相對就能夠比較平靜，有助於睡眠。**

撥筋學員心得

13位撥筋學員的
學習歷程、感想與改變

學員心得

北上學習撥筋的心路歷程

吳伊琇／美容師

過去我曾從事美容工作10幾年，後來轉為全職的家庭主婦將近8年時間，在一個偶然的機會裡，看見蕭采縈老師在節目中分享撥筋改善頭痛的方法，因為我有因長期壓力造成頭痛的困擾，所以開始上網查詢有關撥筋的相關資料，看了許多影片，心中已經敲定想跟隨老師學習的決心，又發現蕭老師有著美容專業的背景，且有開班授課，於是便打電話詢問，就被蕭老師親切又誠懇的態度吸引，毅然決然從臺南北上展開2個月的學習之旅。

在我帶著忐忑的心搭著早班高鐵來到臺北，看到老師的那一刻，我感到安心了。

老師在課程中，用輕鬆、幽默，又超有耐心的方式一遍遍教著，接著幾堂課下來，雖然每每都要拖著疲憊的身體回家，但我的戰鬥力十足。

上幾次課後，也開始我的實作經驗，首先，我試著幫自己撥頭、頸、肩，想起第一次撥筋時的刺痛感，有些令我退卻，但一次次坐下來，竟**改善了我二十幾年來頭部抽痛到無法下床，甚至連吃藥也沒有用的狀況**，現在我只要定時撥筋，讓氣血順暢，加上放鬆心情，老毛病沒了。

撥筋不只幫助到我，也克服了我母親的陳年頑疾。我母親因為工作關係必須長期站立，導致下半身痠、痛、麻，膝關節無力，連腳趾頭的舊傷都復發，腳趾因此變僵硬，我幫她從腰部以下加強腿部撥筋之後，不僅**下半身變輕盈，連膝關節周圍的痠脹感都消失，腳趾頭也柔軟了**，她開心地到處宣揚撥筋的好處。

我體會撥筋可以利人利己，同時受到老師的鼓勵，也燃起我重操舊業的決心。

學員心得

投資健康，全家受惠

林春蘭／家庭主婦

久違蕭老師一段時間，因緣聚會，重逢時，蕭老師變得好年輕，又更漂亮了。

打聽之下，知道蕭老師有開授撥筋課程，就決定去上課。上撥筋課最大受益者，是我自己、我的母親及我的女兒。

由於年齡的關係，我的皮膚免不了有老化的問題，經過撥筋課洗禮，女兒回來見到我，發現才多久沒見面，怎麼整個不一樣了——**皮膚變得有彈性、有光澤，也緊實起來**，女兒一直說我可去做見證了。

為了證明撥筋的妙用，我幫正在哺乳期的女兒實際操作了一遍撥筋。她正因為上班導致乳量減少而煩惱，經過我的妙手撥筋，**泌乳量竟然回升了**，令她驚喜不已。

還有我的母親，因為患有帕金森氏症的關係，腳步無力，經常會摔倒，我幫她撥筋後，經絡疏通，腳變得有力，感覺整個人都變輕鬆，也有胃口吃東西了，精神好很多，全家人都很高興。

學習撥筋是種自我投資，最大的回饋就是得到健康，除了對自己、對家人好之外，更要推廣到身邊的親朋好友，讓更多人受惠。自己開心，也讓更多人開心。

學員心得

撥筋放鬆不只是按摩

陳椀婷／21歲／飛舞有氧瑜珈老師

會來上采縈老師的撥筋課，實在是意料之外的事，因為我並不是從事美容或按摩等類型的工作，而是位有氧舞蹈老師，但在跟隨老師上課的期間，每次回家找爸媽練習撥筋技巧，都能幫助他們**肌肉放鬆、消除僵硬痠痛**，確確實實是學到了一項非常實用，又能孝順父母的新技能。

有一次，我在練習瑜伽時，居然聽到老師說：「把腳趾頭往內扳，可以拉到我們的膽經……。」當下跟著做時，一整個地酸到不行，我的腦袋靈機一動，想到如果我在教學時，若也能將身體經脈、穴道的概念帶入，不需要專精，只要能讓學生適時了解正確的部位與功效，是否對促進健康更有幫助！當下身為學生的我，覺得老師不愧為老師，懂得真多！從此，我便下定決心，要好好記住采縈老師所教授的各經脈與穴道，期望未來能將之應用到我的教學中。

學習經絡撥筋，實在是讓我受益良多，不僅可以幫助到所愛的家人，還激發了我的靈感，提供我未來創新自己事業的明路。期望之後，能有機會與老師合作出版結合「人體經絡」與「運動科學」的專業書籍。

學員心得

撥筋能深入瑜珈不能及的部位，激發內在能量

胡瑞蓮／46歲／瑜珈老師

從事瑜珈教學10餘年，「中醫治未病，西醫治已病」，而瑜珈是通過瑜珈體位法的練習及呼吸法、冥想的幫助，順利開啟身體的七輪，讓七輪分別對應的不同腺體與內在器官，達到平衡身體的目的，經絡暢通、氣血正常的運行，才能營養全身，從而到達健康長壽。

身體的病痛都是開始於氣血的迴圈不良，並且從肢體末端的經絡就開始顯現。實驗早已證明借助於瑜珈是可以有效地改善氣血異常，但對於許多初中級瑜珈練習者來說，要準確而有效的刺激到相應的輪血是困難的。經絡瑜珈汲二者之長，在中醫經絡和瑜珈三脈七輪之間找到一個使之平衡的切入點， 加以穴位的刺激，激發身體內在的各能量點，預先打開身體的相關脈絡，而「撥筋」是利用工具按壓身體的經絡，幫助氣血流通順暢。

撥筋可追溯到早期台灣民間所稱的「放經路」，就是用手指彈、捏的方式放鬆經絡。經蕭采榮老師改良，以中醫的經絡理論為本，加上撥筋工具按壓，形成這套撥筋法。因經絡位於骨骼與肌肉間，只用手指很難碰觸到正確的深度，撥筋利用工具對穴道按摩，較深層、精確。

發覺**瑜珈與撥筋的原理是相輔相成的，皆是針對人體的經絡，主要在於改善人體的氣血順暢**，所以在上課時，我會搭配老師教授的撥筋手法幫助學生順氣，例如較難使用瑜珈體位法改善的身體部位，像臉部有多條重要經絡通過，我就會使用臉部撥筋手法幫幫助學生順氣，通常做完，臉部馬上變亮，也有拉提的效果；或是頭部亦有多條重要經絡經過，我會在上課時套用老師的頭部撥筋法幫助學生解決失眠、偏頭痛、疲勞等現代文明病。

曾有一次，上課時，某學生非常疲憊、嗜睡……，針對她的症狀，我幫她做了頭部撥筋，一做完，這位學生眼睛馬上亮起來，精神都來了。能夠學習到這麼棒的技藝，對我的上課又有相當大的助益，謝謝老師的教導！

學員心得

撥筋為我解決靜脈曲張難題，讓雙腳重獲輕鬆自在

張雯儀／40歲／服務業

我從事服務業10多年，由於必須長時間站立，所以長期穿著壓力襪，幫助下肢血液回流，但即使已經長時間穿著壓力襪了，還是避免不了靜脈曲張的問題，甚至在2年前，我的右腳還出現明顯的血栓，塞到膝蓋上10公分，並因此服用了半年多的抗凝血劑。

發現血栓問題的2年後，靜脈曲張突出的部分開始出現腫痛，疼痛之餘，我開始尋求專業醫師治療，並打算透過雷射徹底消除靜脈曲張的問題，豈料，雷射之前，醫師一照超音波，當下就建議我轉到大醫院處理，因為我的雙腳都有血栓現象，且左腳的血栓甚至一路塞到鼠蹊部。

於是，我直接被轉至市立醫院就診，醫生檢視後，建議我繼續服用抗凝血劑，且因為血栓的關係，他也不贊同消除靜脈曲張，以免血栓導致血管不通，反而危險！

面對無法徹底處理的血栓與靜脈曲張，我只能改穿醫療級的壓力襪，然後繼續不知所措、聽天由命！直到有一天，逛街時，看到路旁有一個標榜「撥筋變小臉」的小攤位，好奇之餘，立即體驗，體驗完人生首度的臉部撥筋之後，立即看到臉部出現往上拉提、眼睛變亮、脖子變得修長的神奇效果，於是馬上跟師傅請教，可以在哪裡學習到這個超神奇的技術，也因此幸運地開啟學習撥筋之路。

當天回家後，我立即上網搜尋「撥筋」，找到蕭老師在大安社區大學的教課資訊，當下就報名學習撥筋。

我覺得**學習撥筋讓我對自己的身體有更多的認識**，每堂課我們都會學習如何針對不同身體部位的撥筋法，**了解身體發出的各種警訊**，課堂中常出現此起彼落的驚呼聲，因為撥筋的效果太令人驚艷了！原來撥筋可以讓自己改變這麼大，一直以來，我都以為自己是不可逆的國字臉，沒想到透過撥筋，竟然能**讓大方臉變尖**，更幸運的是，撥筋竟然**減輕了腿部靜脈曲張的症狀**。

我自從學了腳部撥筋之後，每隔2、3天就幫自己的腳撥筋，過了約2星期，就發現原本突出的靜脈竟然慢慢縮回去了，於是我更加努力的持續幫腳部撥筋，約1個月後，即使不穿壓力襪也沒有不適的感覺，到現在，已擺脫束縛我多年、每天都要面對的惡夢——壓力襪。

真的很感恩蕭老師細心教導我學會撥筋，沒想到竟然可以讓我的腳重獲輕鬆自在的感覺，撥筋真的是一門沒有侵入性，又太有效的方法，我一定會繼續「撥」下去！

消除靜脈曲張的撥筋法

頻率 每2～3天一次，一次3回合。

做法

1 從小腿外側、腳踝往上，經膝蓋外側划撥至大腿外側。

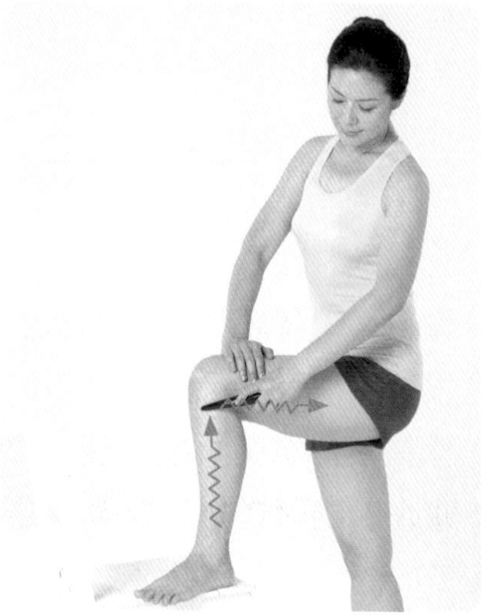

2 從小腿內側往上，經膝蓋內側划撥至鼠蹊部，並直撥鼠蹊部。

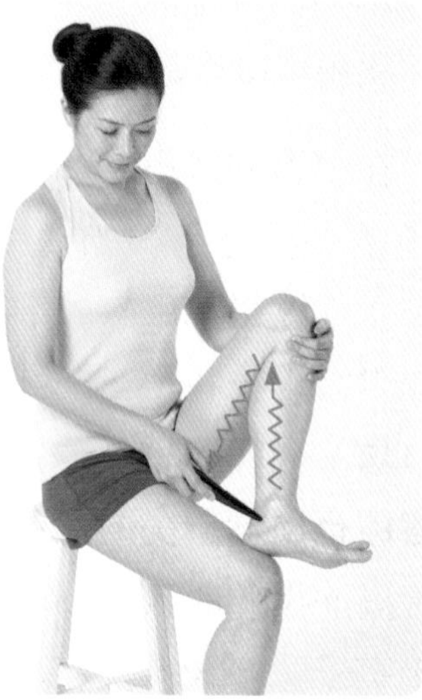

學員心得

從小小的撥筋工作室起飛，夢想可及

彭玉惠／40歲／行動美容師

我是兩個孩子的媽，也是全職的家庭主婦，隨著孩子越來越大，也比較有自己的時間，我開始思考著要不要再去就業，但家庭主婦當久了，年齡也有了，想要再出去上班，卻很茫然自己能做什麼？加上晚上還要配合小孩的下課時間，想想，真的很難找到合適的工作，不如學個一技之長，於是上網看看有什麼可讓我學習的技能，剛好看到蕭老師示範講解撥筋。

蕭老師的講解真的很吸引我，尤其是藉由撥筋可以改善疼痛，也可由內而外地讓人變美、變健康……真的讓我很心動，很快地，我便與蕭老師聯絡，報名上課。

在學習的過程中，我拿自己來實習，尤其是臉部撥筋課程，受益最多，我是「顳顎關節症候群」的患者，簡單說，就是**下巴脫臼**，以前連最痛的針灸療程都做了，還是會不時發作，直到跟蕭老師學習撥筋，我很勤快地替自己做臉部肌肉鍛練（撥筋也是一種肌肉鍛練），真的讓我收獲良多，現在**幾乎不再發作**，連帶地，臉部的**痘疤也淡化不少，臉色變好**；以前月經來時，臉上的痘痘會一直冒，撥筋後明顯改善，讓我有信心幫更多人撥筋，現在也用空檔時間接案子，幫人家撥筋，從小小的個人工作開始做，加上蕭老師的鼓勵，我會更加努力。

學員心得

撥筋讓我找到嶄新的人生道路

黃依萍／42歲／專業撥筋師

我原本是上班族，結婚生子後走入家庭，平常自己也會塗塗抹抹，後來婆婆鼓勵我考乙級美容證照，但完全不懂美容美體的我，對於服務客人完全外行，偶然機會裡從別人口中聽到撥筋，於是好奇上網搜尋，看到蕭老師和撥筋文章的連結，發現老師所教授的與我一直喜歡自然療法的理念不謀而合，於是買了老師的著作，看完後，更好奇如何用這老祖宗的智慧結合養生美容，便展開拜師學藝的旅程。

老師親切地告訴我，可以先上政府補助的基礎班，若覺得不夠，再報名社大課程。學習半年後，讓我更愛上「撥筋」，透由老師淺顯易懂的方式，將中醫經絡與穴位理論，讓一個如白紙的我產生興趣，也奠定所學理論基礎，可以幫助改善很多人不適問題。但仍覺得所學不夠，所以又上了撥筋進階班，老師一對一的指導，讓我協助一位長輩透由臉部撥筋，**改善困擾很久的顏面神經問題**。

臉部撥筋不同於一般護膚坊只有美白、保濕而已，而是透由美顏經絡穴位密碼，來改善臉上很多問題喔！還有一位朋友長期姿勢不良且晚睡，造成背痛不舒服，時常用拔罐處理，皮膚粗糙毛孔粗大，透由深層撥筋方式，達到最有效的**舒壓與助眠**，加上活血化瘀的山藥霜修復細胞，現在背部已不再像以前那樣粗糙、毛孔粗大了。

記得有一次幫一位職業婦女撥筋，真的，女人常常為了家庭與工作蠟燭二頭燒，所以導致常年肩頸不舒服、背部緊繃、雙腿腫脹麻。這位媽咪預約了全身撥筋芳療，做完後馬上感覺背部鬆了，腿也變輕盈了，在來讓我撥筋之前，她曾整整一個月都在針灸，但過後兩天又覺得不舒服，才想要來體驗撥筋的深層按摩。

我一邊跟隨老師上講師班，一邊累積實務經驗，希望透由所學及累積經驗，未來可以像老師一樣，帶給人們美麗、健康並協助就業與創業。感謝老師一路來的指導與哉培，經過三年學習，目前的我不僅學習到撥筋技術，可以幫助很多人改善身體不適的問題，還額外增加了收入，且透由教學，也讓我實現當老師的夢想，創造自己的人生價值。

感謝蕭老師，感謝有您！！

學員心得

良師惠我何其多

聞仙馨／66歲／退休人士

20年前的台灣有個新行業正在萌芽——新娘秘書，好奇心驅使下，我搜尋了相關資訊及課程內容，並且報名上課，一期的課上完後，我發現完全沒有收穫，失望之餘又繼續查訪、尋找相關資料。有一天，我看到社區公告欄內有張很大的文宣品，走近一看，士林社區大學正在招生，課程琳琅滿目，貼近公告欄，仔細看完，天啊！真是太棒了，這就是我要的課程啊！立刻去學校報名蕭老師的新娘秘書班。

我的正職是公務員，上新娘秘書課程並非為了轉業，是因為自己從小就喜愛美的事物，且家人、好友的婚禮都會邀請我去幫忙打點、照顧新娘，才燃起了我應該自我充實美學概念、常識的想法，我非常期待蕭老師有什麼法寶可讓我挖掘。

幾週的課程上下來真是緊張又興奮，緊張的是怕漏學了任何一部分 ，興奮的是每堂課都好充實，感覺一個腦袋實在不夠用！新秘課程結束後，老師又開設了一系列與美麗相關的課程，不知不覺間，已經上了蕭老師好幾年的課，甚至還考上美容師的證照。

之後因勞累過度，造成病痛，「病急亂投醫」這句話促使蕭老師又精進鑽研經絡相關的理論實務、手技，我的狀況也好不到哪兒， 當然是繼續跟著蕭老師學習，初級班上完又接續進階班，這門課學會了真是勝造七級浮屠啊！不但**改善了自己的小病痛，還幫助了不少親朋好友舒緩了酸、麻、疼、痛**，有次工作單位到澎湖自強活動，才下飛機，就有兩位同事接連中暑，聽到眾人一陣慌亂，我立刻拿出工具及按摩霜，兩人很快又活蹦亂跳了。學會了撥筋的絕活後，工具隨身攜帶，已幫了不計其數的親朋好友，效果立即顯現，方便又實用。

跟著蕭老師學習了十多年，這些年來，她不僅是老師，同時也是學生，為了作育英才，她不斷地鑽研學、術，矢志要給學生最好的教學，不藏私、不怕問，遇到依時間無法回覆的問題，她會不辭辛勞地去查詢、求證，教學相長地帶領學生們一同進步。如今已是桃李滿天下，跟對了老師真是惠我良多，更是學生們的幸運！

學員心得

美容，是由內而外透亮出來的美

廖珍妮／45歲／美容美體經營業者

在認識蕭老師之前，我只是一個平凡的上班族與家庭主婦，每天過著朝九晚五、上班下班與柴米油鹽的平淡日子，從來沒有想過有一天，我有能力經營一個我有興趣的事業。

直到有一天，偶然在社區大學招生簡介上發現蕭老師所授課的丙級美容班，隨著蕭老師開朗詼諧的授課模式，竟開啟了我第二職業生涯的規劃。

一路跟著蕭老師的課程，取得丙乙級的美容執照，拓展了新娘秘書的專業技能、經絡理療的相關理論。這段學習旅程，不僅僅是表層的外在技術，內在的人體五臟六腑的疏通奧秘，承蒙老師的指導與不藏私地傳授，讓我在事業上，由客人的回饋中了解到「美容，是由內而外透亮出來的美」，每位進入店裡的客人，無論是否是肌膚的問題，都可以獲得重新的調整與充電，煥然一新地再邁出人生步伐。8年的開店經驗讓我知道，其實，美容是一個雙向的服務工作，當我們用心的做到讓客人感動，客人的身體一定會誠實的反應出好的產品與專業技術下的結果。

蕭老師所傳習的經絡撥筋療法，相當程度上能**幫助改善敏感痘痘肌膚、更年期熱潮紅狀態、過敏性肌膚、失眠障礙、肩膀腫脹、**

生理期不適等問題。透過客人的回饋，讓我理解到外在的美容手法加上深層的經絡理療所產生的力量之強大。

教學勢必相長，非常感謝蕭老師的提攜，讓我除了在自己經營的店中不斷求新求進，實際獲得客人的感謝外，還提點我繼續進修，並推介我至各社區大學任教。唯有不斷持續地積極學習，才是我們服務業的從事者，對客人認真負責任的一種心情與態度。

蕭老師教學最大的不同點在於，她用自己的親身經驗作為教學基礎，理論與實務兼顧，最重要的是幫助並輔導學員開業，面面俱到，她是我最重要的事業啟蒙導師。

學員心得

為了健康而學的撥筋竟成了轉職的利器

潘金如／美容美體從業者

認識蕭老師，開啟了我學習經絡撥筋的這條路。當年的我臉部皮膚泛紅，下巴長滿青春痘，由於坊間學習美容，價格不便宜，所以我就到社區大學上美容課，當時的授課老師就是蕭老師。

蕭老師深入淺出地一路從皮膚細胞學教到營養攝取，完全顛覆了我對美容的觀念，也讓我對美容越來越感興趣，之後，只要老師開課，我都不缺席，有在老師的幫助下，取得了美容丙乙級證照，「撥筋」可以說是改變我一生的關鍵。

從事20多年的禮服縫製工作，每日周而復始的上班、加班，久而久之，對眼睛造成極大的傷害，稍微吹風日曬都會讓我淚流不止，往往一天班還沒上完，乾眼症發作，眼睛開始酸澀，想到未來，想到日後，只能咬牙繼續加班，但我還能在這行業做多久呢？

所幸在蕭老師的引薦之下，我離開原工作，到美容SPA館工作。原本只是為了促進健康而去學的撥筋，沒想到竟然成了轉職的利器。看到每位客人幾乎都有我以前的健康問題，我很高興能為他們服務，解除身體不適，恢復健康，這種喜悅實在無以形容。

我很慶幸能認識蕭老師，才能有這樣的改變。老師，謝謝您，您是改變我一生的貴人。

學員心得

自助助人，一起健康美麗

王志偉／40歲／撥筋師&美甲師

我在美國從事了十幾年的美甲工作，從沒想過會跨行當一個專業的撥筋師。直到有一次應朋友邀請，去大陸學撥筋，剛好看到蕭老師的著作，便買了一本帶回美國。

回到美國後，我按著在大陸學的撥筋技巧與老師書中的說明自己繼續摸索，並幫客人試做，沒想到，半瓶水的技術也可以如此有效，驚艷之餘，我開始透過各個管道，想盡辦法找尋蕭老師，希望有機會可以親自拜師學藝。

就這樣，尋尋覓覓了一年，才透過台灣的友人聯絡上蕭老師，當下我馬上買了機票，和朋友、弟弟一起來學習撥筋。跟隨老師學習撥筋後，我才了解到原來有這麼多的撥筋訣竅與細節。上完專業班課程後，我回到美國後便專心投入撥筋的事業，撥筋與美甲不一樣的是可以自助助人，讓大家一起健康美麗！

學員心得

筋柔則骨正，骨正則氣血自然流通

謝睿哲／41歲／中醫推拿師

身為一位中醫師需要學習的科目非常多，尤其是針灸推拿科醫師，面對不敢針灸的病人時，外治法就非常重要，而撥筋療法是近年來十分流行的一種中醫外治法，根據中醫理論，以一種迅速消除緊繃感和沾黏處疼痛的手法進行治療，可促進血液迴圈、鬆弛肌肉、調理筋骨。很幸運地，在友人的介紹下認識了蕭老師，體驗到簡單且運用自如的撥筋手法，真的不得不感慨，高手在民間，向蕭老師學習撥筋療法，從此我就多了一項治療手法。

學習撥筋療法並運用於臨床治療許多患者，發現效果的確很好。與大家分享兩個病例。

男性患者（年齡69歲）

診斷：青光眼，眼壓過高

眼睛常疲勞不適、乾澀、酸脹，休息後緩解。視物模糊、老花加深。點眼藥水，眼睛刺激大，更不舒服，眼科醫師囑咐熱敷與推拿。我在觸診時發現患者眼睛周圍、頭部顳側有許多筋結，施以眼部撥筋療法，治療2個月後，眼科回診，眼壓降低，患者自覺眼睛輕鬆許多，持續治療半年後，眼壓回穩。

女性患者（年齡62歲）

診斷：慢性鼻竇炎

患者十幾年前一次嚴重感冒後，出現鼻塞、流鼻涕及嗅覺問題。某次，患者搞錯麻油與蜂蜜，才發現聞不到味道，所以前來治療，我以撥筋療法為其治療1個月後的某天，突然覺得鼻子很癢並擤出一坨很濃稠的鼻涕，才開始能聞到微微的味道。

傳統骨傷科強調七分手法、三分藥，手法在傷科治療中起著關鍵性的治療作用，關鍵就是選擇正確的治療點。筋柔則骨正，骨正則氣血自然流通。**筋傷則是軟組織損傷的疾病，常見的是筋結，臨床中很多疾病都是筋的問題，而透過撥筋治療，很多筋傷疾患可以收到立竿見影之效。**

中醫有一句話：「通則不痛，痛則不通」。痹阻日久則會形成筋結，臨床治療的關鍵是解決這個會影響氣血流通的障礙點（筋結），也可以稱其為氣阻點，筋恢復其柔，氣血才會正常流通，人才會健康長壽。總之，人體的筋要柔和又有彈性，失去柔韌則病，恢復其柔則健。撥筋療法除了治療疾病外，健康人群也可藉此保健防病，同時能保持筋骨的陰陽平衡，令人筋骨強健少病。

希望藉由這一本書的問市，能讓更多的人認識撥筋療法，遠離病痛也可以自我保健，讓大家都有健康的身體！

學員心得

我與撥筋的「驚艷」相遇

謝韻梅／49歲／電腦美術設計

我畢業自國立台灣藝術大學美術工藝系，自入社會以來一直從事美術設計的相關工作，因職業的特性，在長期使用電腦及耗費腦力的情況下，累積了不少所謂的上班族症候群的不適感，加上小時候因先天過敏體質，有嚴重的異位性皮膚炎，大量接觸消炎藥及抗生素，致使長大後非常排斥西藥，開始注重並涉獵傳統養生保健資訊。

會接觸到蕭老師的撥筋，是在一次非常偶然的機緣下，看到蕭老師在電視節目中分享並實際操作撥筋術，看到施術後的前、後差異，真的為之「驚艷」，只見原本腫脹的腿立馬消瘦一圈，且膚色潤白，直覺不可思議至極，心中雖半信半疑，但也對蕭老師及撥筋術留下了深刻的印象。

事隔約半年，當我在搜尋政府產業人才投資方案的課程時，無意中看到「行動美容經絡按摩班」的訊息，再三確認授課老師即是當初在電視節目中看到的蕭老師，二話不說，馬上報名，心想絕不能錯過親眼、親身見證的機會。學會撥筋手法之後，幫親朋好友練習操作時，都得到非常好的反應，因此對相關的美容與身體經絡保健的知識也產生了更大的興趣，工作閒暇之餘，也購買美容和經絡穴位相關書籍努力自我充實，加上蕭老師的鼓勵與肯定，在上完產投基礎班後，繼續參加專業訓練課程與講師班，經由蕭老師耐心、詳盡的指導，加強專業核心技能訓練，考取美容丙級證照。

領有證照之後，隨即開始行動美容師的兼職工作，除帶來一些額外的收入，更大的價值在於**撥筋往往可以在第一時間不用藥物，就可以暫時紓解一些身體不適的症狀**，不但可以幫助自己和親朋好友，更可以幫助更多需要的人。

另外，也非常感佩蕭老師對於撥筋紓壓推廣的熱情與精神， 因此，追隨蕭老師繼續為撥筋 這項雖傳統但又先進的技術推廣，盡個人小小的力量。

撥筋養生保健與美容大哉問

撥筋功效／宜忌／須知

Q1 為什麼要撥筋？什麼是經絡撥筋？對身體有何益處？撥筋可以幫助瘦身嗎？

A：因長期不正確的勞動姿勢，如彎腰工作、搬運重物、手腕過度用力等造成網球肘，或是按摩師因長期過度用力等，使肌肉筋結勞損現象；或飲食習慣偏差者皆會產生不同程度的筋結硬塊與氣阻現象，當有筋結硬塊時那個部位會有壓迫感，就會產生酸、麻、脹、痛等輕重不同的狀況。在中醫論述「久視傷血，久臥傷氣，久坐傷肉，久行傷筋，久站傷骨」亦歸屬勞損傷筋，氣血不順也會有筋脈氣結硬塊的產生。還有風、寒、暑、濕、燥、熱的侵襲，風寒犯肺與寒濕困脾，寒氣阻滯肝脈，寒濕經絡凝滯，都會引起臟腑筋脈不適。

當身體出現以上筋脈氣結硬塊，如用經絡撥筋疏通，就可把這些筋脈結硬塊鬆開，提升身體自我修復自癒功能，次數多少要看筋脈結硬塊沾黏的程度而定。

撥筋幫助經絡氣血正常運行，因而活絡各器官組織功能提昇，神經系統傳導正常，體液正常輸送代謝，囤積的脂肪和贅肉自然消除，自然可以達到健康瘦身。

Q2 經絡撥筋與刮痧有何不同？效果兩者差異如何？

A：經絡撥筋與刮痧都是以中醫經絡學為主要理論基礎，不同的是在於它的操作方法不同，刮痧和撥筋的工具也不太一樣。

撥筋的方式會比較深入，刮痧比較表淺；撥筋比較深入，自然效果也會不同。

撥筋也會用到刮的部份，會用刮的方式是考量比較堵塞的部位或是會怕癢痛的人，須大面積用刮的方式，把循環熱帶動上來，再用撥筋的方式，先刮過後再撥筋，可以減輕痛感。總之，撥筋也是一種按摩手技，要結合不同方式，才能達到更好的功效。

Q3 什麼時間撥筋最好？撥筋前後有何注意事項？哪些人不適合撥筋？

A：因每個人體質和身體狀況不同而異。有人撥筋後就精神奕奕，若是這樣，適合白天做撥筋，不建議晚上做。但也有人撥筋後會想大睡一覺，這是因為撥筋後，血液要回到肝臟儲存，就是需要臥倒閉眼，才能提高肝臟儲存血液的功能，讓身體細胞得到滋養與修護，也就能啟動身體的自癒能力。

然而有以下身體狀況，要特別留意撥筋時間：

- 心氣虛者，上午十一點至下午一點，儘量避免鬆手三陰心經部位以防過度虛弱。
- 有高血壓患者避免在中午十二點至下午一點撥筋。

撥筋前後則要注意：

- 撥筋前不可空腹，或吃過飽。
- 撥筋後需多補充水份，喝溫開水。每隔20分鐘口含一口水，慢慢喝個二至三口水，不要一次喝一杯水，身體才好吸收。忌冰水，以利排毒由尿液或流汗排出。
- 做全身撥筋後要小心勿吹到風而感冒。
- 做全身撥筋後的二至三小時不建議碰水或洗澡，避免濕氣進入體內。
- 做全身撥筋後最好能好好睡一覺，有助細胞自我修復與自癒能力。

特別提醒：正在生病、正在過敏的肌膚、有皮膚疾病、皮膚發炎或受傷有傷痕、癌症病患等，並不適合做撥筋。不過從中醫的說法，癌症最初就是來自於氣滯血瘀，因此只要避免做腫瘤的部位，在其周遭上下左右適當撥筋，有助循環代謝變好，再輔以調整生活作息和飲食，放鬆心情等，仍能有助提高生活品質。

Q4 撥筋後兩小時不適合洗澡沾水，但撥筋後敷面膜或清洗臉部也會沾到水怎麼辦？

A：敷面膜的水份很少，不像洗澡那樣大量，並且我建議敷面泥，不建議敷水面膜，因為礦泥的水份非常少，且會隨空氣與體溫在五分鐘左右變乾，敷面膜泥後，馬上再用擰乾的溫熱毛巾擦拭即可避免水份進入體內，所以不擔心濕氣問題。

要特別提醒是做全身撥筋後，因撥筋後的毛細孔是張開的，若立即洗澡，以致濕氣、寒氣、病原等容易入侵身體。可以根據撥筋的程度，如果撥筋較表淺可在一小時後洗澡；如中度或深度撥筋，約在三小時後洗澡；若是做重度深層撥筋，因為身體皮膚要把體內的濕熱排除體外，毛細孔會變大、皮膚變厚硬時，最好六小時後才洗澡，通常是做全身撥筋才要特別留意濕氣的問題。

在中醫學説提及風、寒、暑、濕、燥、熱侵襲：風寒犯肺與寒濕困脾，寒氣阻滯肝脈，寒濕經絡凝滯，皆會引起臟腑筋脈不適。慢性勞損症狀感風、寒、暑、濕、燥、熱侵襲後會加重其症狀，因此不可不慎！

Q5 如果只是保健，需要多久做一次撥筋？不同年齡層，撥筋有差別嗎？

A：如果身體沒有其他狀況，只是保養，建議如做全身撥筋，可以一個星期一次或十天一次，這樣長期的保養可以延緩老化與提升身體的自癒能力。

撥筋就是中醫經絡學的預防醫學。撥筋可以達到養顏美容、曲線雕塑、改善酸痛、保健身體，紓壓解鬱。

如果是第一次嘗試全身撥筋，要特別留意對痛的忍受度，如怕痛的人，就要用漸進方式，如身體堵塞比較嚴重，建議一星期做兩次，逐漸改善後視狀況，可一星期或十天或兩星期一次，之後可一個月一次保養即可。如果是做臉部撥筋，而堵塞比較嚴重的話，建議可以一星期兩次，狀況有所改善，就可以一星期保養一次。

至於不同的族群，撥筋仍要考量力道和身體狀況而有所差異：

- **年輕力壯者**，可用深度撥筋、也要視身體狀況考量需不需要做到深度撥筋。若是皮膚薄弱的人，建議只做舒緩的撥筋。
- **年長者**，同樣考量身體狀況和皮膚，尤其年長者皮膚較脆弱，適合舒緩的撥筋方式。

Q6 在撥筋當下，有人會出現刺痛／酸／麻／木／脹／癢，這是什麼原因？

A：如何辨別經絡氣血是否通暢，撥筋反應的狀況：

- 如在撥筋當下有「酸」感，表示這塊肌肉下的經絡通氣血不足所致。
- 如在撥筋當下有「麻」感，表示這塊肌肉下的經絡氣過血未過所致。
- 如在撥筋當下有「木」感，表示這塊肌肉下的經絡氣血都未過所致。
- 如在操作撥筋當下有「脹」感，表示這塊肌肉下的經絡氣太多而脹所致。
- 如在操作撥筋當下有「癢」感，表示這塊肌肉下的經絡氣血正通過所致。
- 如在操作撥筋當下有「刺痛」感，表示這塊肌肉下的經絡氣血有血淤所致。

Q7 做完身體撥筋後，為何皮膚會出現浮腫及硬塊？

A：撥筋後會讓皮膚組織有部分會充血，當血管神經受到刺激，會使血管擴張，讓血流與淋巴運行速度加快，提升免疫系統，加速體內毒素廢物的排除。

如果部位出現腫脹、灼熱感，經過二十四小時都沒有消退，或是撥筋已經一、兩天，撥筋的位置觸摸時還有明顯的疼痛感，表示撥筋時間過長，或是撥筋過度，可在撥筋一天後進行熱敷。

特別提醒：力道過與不及都不宜，一定要用漸進緩和的方式。可以請教專業人員。

臉部／身體對症撥筋大哉問

Q1 做臉部經絡撥筋有何好處？臉部撥筋須多久做一次？過度頻繁是否會損傷面部角質層？

A：做臉部經絡撥筋，是指刺激穴點開穴，可以疏通腫脹、僵硬的筋結，使血脈通暢、五官機能活絡，潤澤皮膚、幫助肌肉健康富彈性，可改善黑斑、面皰、視力退化、耳鳴等，因血脈通暢，甚至還可能達到臉型雕塑的作用。

中醫學認為經絡是運行全身氣血，是皮膚和臟腑的聯繫路徑。人體的皮膚與臟腑經絡氣血是密不可分的。當人體氣血不足時，經絡氣血運行不暢，臟腑功能遞減，陰陽不平衡，面色皮膚會蒼白無華、毛髮枯竭、皺紋叢生等問題，影響人的相貌。

臉部撥筋過與不及都是不好的，如果做的比較深入，一星期一次即可，還是需要考量每個人的皮膚狀況和身體狀況而有所不同。舉例如果皮膚薄細、乾燥者須淺層舒緩撥筋，膚質較粗糙、毛細孔粗大者適合深層撥筋。

Q2 為什麼做完臉部撥筋後，皮膚可以更有彈性？

A：在中醫學認為，經絡是運行全身氣血，是皮膚和臟腑的聯繫路徑。

人體的皮膚與臟腑經絡氣血是密不可分的，當人體氣血不足時，經絡氣血運行不暢，臟腑功能遞減，陰陽不平衡，面色皮膚就會蒼白無華、毛髮枯竭、皺紋叢生等問題，影響人的相貌。

臉部經絡撥筋美容刺激穴點開穴，可疏通筋結腫脹，使血脈通暢五官機能活絡，因血脈通暢，可潤澤皮膚維持肌肉健康富彈性，而達到臉型雕塑（臉凹者可豐頰，臉凸者雕塑臉型）的作用。撥筋也是一種深層的按摩運動，同時也能刺激皮膚的膠原蛋白生成，活化細胞加強氣血流動，達到雙向調整的作用。

Q3 為何有人撥筋後臉色呈現粉紅色？有人的鼻尖和鼻孔周圍皮膚粗糙是脾不好嗎？臉部撥筋為何須先左後右？有何特別留意須知？

A：做完臉部撥筋後，臉色呈現粉紅，表示氣血循環帶起來，就像跑步後，臉部氣血帶動會特別紅潤。至於鼻子皮膚比較粗糙、毛孔比較大，是因為鼻子位於臉部T字部位，油脂分泌比較旺盛、毛孔也會粗大，相對中醫裡提及，鼻是肺的開竅，肺也會相對較弱。

中醫經絡學也是一種辨證醫學、所以從五官也可以看出五臟六腑的功能好壞：

- **心**：對應印堂區，代表心臟，如在撥筋後，這裡特別紅或容易出痧，表示身體內有熱像，也會有失眠困擾，也就是所謂心火旺，加強撥筋可消除心火。
- **肝**：對應在鼻樑中間，如長期過勞的人，這裡刮痧也會特別痛，因它反應出來是肝有瘀。
- **肺**：對應在鼻尖處
- **脾**：對應在鼻翼兩側
- **腎**：對應在鼻樑兩側
- **肺**：對應在整個鼻頭

臉部撥筋須先左後右，因為左行氣、右行血，氣為血之帥、血為氣之母，血為氣母，血至氣至，只有氣通暢才能推動血的運行。臉部撥筋是在臉部刮痧的基礎上，彌補了刮痧的不足。

臉部撥筋須先開耳穴與淋巴、頸部、前胸，因頸部是臉部氣血的通道，之後才會做臉部。

開淋巴也是疏通水道的原理，好比水溝，水流無法順暢流動或流動緩慢，一定是底層淤積了許多污泥穢物，我們要幫助水流順暢，一定要深層清除污泥，才能有效果。

要特別留意，如果臉部撥筋時會緊張像抽筋那樣抽動一下，應該是皮膚薄，神經比較敏感，像這樣的皮膚狀況要用漸進方式，用舒緩的手法，不要做太深，一星期一次或十天一次即可。

Q4 青春痘長在下巴，可以用撥筋方式改善嗎？

A：有發炎、有傷口的部位並不適合撥筋，撥正常皮膚的部位倒是有助代謝。

會長青春痘（醫學名稱是痤瘡），熬夜、壓力、內分泌失常、偏食、便祕等都可能是原因。從中醫的觀點認為跟體質有關，尤其熬夜會產生容易長痘痘的濕熱體質。

中醫裡的辨症醫學裡有說，額頭髮際處到眉毛為上焦管我們的心肺，眉毛到鼻尖為中焦管我們的消化系統，鼻尖到下巴管我們的生殖與泌尿系統，如果青春痘都長在下巴，可從婦科與泌尿問題須改善。根本之道，是從生活中調整作息，睡眠充足、不熬夜、少碰炸辣辛熱食物等，也對改善青春痘有很大幫助。

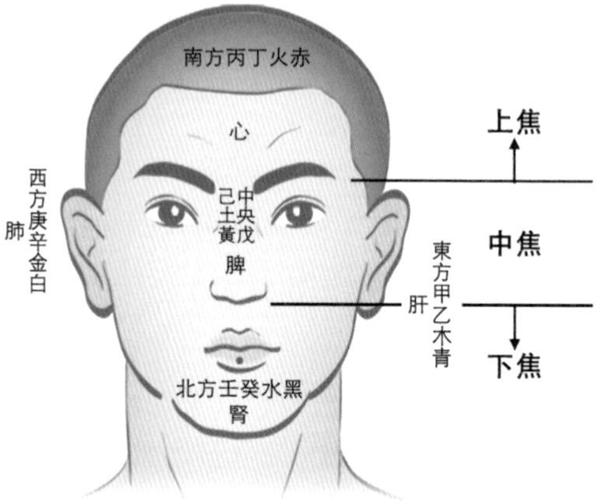

Q5 有高血壓、糖尿病、心臟病患者，可以做臉部撥筋嗎？

A：高血壓、糖尿病、心臟病患者都可以做臉部撥筋。只是要留意撥筋時，務必要用舒緩漸進的方式，不要過度刺激，例如糖尿病患者怕有傷口不易癒合；心臟病患者的撥筋力道不宜太強，以免因疼痛緊張，激發病症；高血壓患者撥筋時，可加強額頭的印堂穴、太陽穴、頭部的百會穴、角孫、風池、風府等。但以上病症建議都用淺層舒緩的撥筋方式即可。

Q6 孕婦可以撥筋嗎？產後多久可以開始撥筋？

A：孕婦可以做臉部撥筋，但限頸部以上，頸部以下就不建議做。因為我們的身體肩頸處有個穴位叫肩井穴，這有神經通到子宮，因撥筋會造成子宮收縮怕有流產問題，千萬要小心。

由於產後氣血虧虛正氣不足，這時如果沒有做好保健，或感受風寒，或起居不慎，或休息不足等，適當的臉部撥筋是可以的，但切記不要過度深層撥筋，以免消耗真氣，導致氣越來越虛。平時要注意起居規律，按時休息，不熬夜，不喝涼飲冷，不要受寒，保持心胸開闊。休息一至兩個月後，再做全身撥筋。

Q7 生理期可以撥筋嗎？

A：若是生理期間可以只做臉部撥筋，而月經期血量較大時，不適合做全身撥筋，因為在腹部及臀部撥筋會加速血流量過多，還有一種現象是有些人因體質關係會延長經期時間，建議月經結束再來做撥筋喔！

Q8 靜脈曲張可以撥筋嗎？

A：現代人由於經常坐著，沒有時間活動，過於肥胖更加重小腿的負擔，就會患上靜脈曲張。有的人因為職業的原因，運動不足，長時間的站立，也會有靜脈曲張的現象。

靜脈曲張是靜脈血管發生病變的結果，無法自行改善。長期的靜脈曲張會造成下肢皮膚的酸、麻、腫、痛。如工作與生活習慣未能改善，會容易再復發。

經絡撥筋可舒緩靜脈曲張，但要注意撥筋須力道輕，不要刻意做有靜脈曲張的部位，須由下往上做，視嚴重程度，如一星期做個二至三次，每次大概二十至三十分鐘，一個月後會慢慢改善。當然，平日的保健才是最重要的！

平日預防靜脈曲張的方法：

- **不翹二郎腿、每天走路三十分鐘：**讓小腿肌肉群能活動，促進靜脈血液回流。
- **控制體重：**保持理想體重，減輕下半身負荷。
- **規律生活：**養成每天規律的生活作息時間與充足睡眠，避免熬夜。
- **天天運動：**養成每天有至少四十分鐘的走路或踮腳運動。
- **抬高下肢：**養成每天睡覺前，用枕頭墊高下肢（約十五公分），促進腿部血液回流。
- **穿著彈性襪：**白天時間可選擇彈性係數較高的褲襪，可達到預防與阻止靜脈曲張持續惡化，但到晚上時間要脫掉彈性襪，以維持血液循環順暢。
- **撥筋保養：**一個星期約三至四次，一次時間大約二十至三十分鐘的按摩。

Q9 有感冒咳嗽症狀的人，為何撥筋後會咳出「痰」？

A：中醫認為肺火旺，有個特點就是咳嗽。有些人咳嗽有黃痰、痰稠而黏，因為脾有袪濕功能，如功能下降，脾就會生痰，脾臟功能弱，就會痰多。而肺熱會把清痰「烘熱」成黃痰和黏痰，痰會黏在肺上，加上氣管收縮，所以才會怎麼咳都咳不出來，好像堵在胸口、黏在喉嚨裡，除吃藥外，可以用撥筋或刮痧方法做為保健方法之一。

撥筋具有活血化瘀、調血行氣、袪風止痛、舒通筋絡、清熱解毒、提神醒腦、健脾胃等作用，可排出體內毒素、增強免疫力。因此刺激皮膚穴位經絡，可以激發經絡之氣，通過經絡傳導，調整臟腑功能與平衡陰陽，增強身體的抗病能力，所以有感冒或咳嗽症狀的人，經由撥筋之後會咳出「痰」，也就是內病外治的原理。

撥筋工具保養大哉問

Q1 關於撥筋的工具，使用前後有何注意事項：

A：水牛角和玉石製作的撥筋工具，在使用完後，可用肥皂水洗淨擦乾，或以酒精擦拭消毒。為避免交叉感染，若由專業人員操作，建議最好固定專人專板使用。

水牛角的撥筋棒，如果長時間置於潮濕之地，或浸泡在水裡，或長時間暴露乾燥的空氣中，都可能會產生裂痕，影響使用壽命。因此一使用完畢，清洗後應立即擦乾。最好放在布袋或皮套、絨布內保存。

玉質板、生化化瓷的撥筋棒，在保存時要避免磕碰。每次使用完要浸泡粗鹽水清洗，以消磁淨化，衛生考量，建議撥筋工具最好都能個人專屬使用。如須共同使用，使用前建議再用酒精棉擦拭消毒乾淨。

Q2 我們一般認知負離子產品不要太常洗？每天清洗及泡鹽會損壞陶瓷天魚的成分嗎？

A：一般強調負離子產品不要太常洗，是指布料衣服類要避免過度清洗，以免較會流失。

陶瓷天魚的撥筋棒，只要用洗髮精或沐浴乳清洗即可，如泡鹽水的量，隨意抓一些就可以，沒有量多寡的問題，為了避免感染，使用前後都建議用酒精消毒乾淨。

特別感謝

與撥筋結緣 ，將撥筋當作一生的職業已逾20年了，這段時間裡，我從一個不健康的人變成一個健康的人，也找到一輩子想做的事，從完全的門外漢到如今學生與大家的認同，一路以來獲得非常多貴人、好友的襄助，也得到許多珍貴的友誼。

非常感謝謝敬山教授、楊錦華中醫師、徐上德醫師、中醫李溪泉老師等多位恩師的一路提攜，讓我有機會學習到老祖宗的智慧。並感謝台北城市科技大學健康休閒系所陳寅全所長及黃道心教授給於我在校時的指導，更感謝文化大學運動與健康促進學系主任蘇俊賢博士對我的經絡撥筋的肯定並帶研究生一起來用心的全程學習，采縈永遠記在心上，我將更加努力。

台北市美容健康交流協會
臉部經絡護理課程

課程介紹

是以中醫經絡學為理論基礎，依循人體經絡路徑與淋巴走向、肌肉紋理，刺激穴位、放鬆緊繃的肌肉、疏通經脈、調節氣血，並透過神經反射協調臟腑、潤澤皮毛，進而得到滋養氣血、增進新陳代謝的效果，並藉此達到身體保健、延緩老化、皮膚美化的作用。

課程大綱

1.經絡保健與預防
2.眼部問題改善與視力保健
3.頭頸經絡舒緩
4.臉型與輪廓雕塑
5.臉部五大肌膚問題改善（黑眼圈、面皰、粉刺、黑斑、老化）

課程及相關資料洽詢專線（02）2621-2619

想創業或是學習自我保健撥筋課程的朋友，歡迎您一起來學習健康美麗的撥筋養生術法。專業課程含／臉部／全身／美容實務。

報名加官方line

蕭采縈撥筋國際官網

撥筋課程報名專線
（02）2621-2619

備註

1.課程內容依實際上課情況調整。
2.課程及產品相關諮詢請洽協會詢問。

舒活家系列 38Y

【全彩圖解】神奇的撥筋美容 & 養生法〔美力實踐暢銷版〕

作　　者　蕭采榮
選　　書　林小鈴
主　　編　陳玉春
文字整理　張棠紅

行銷經理　王維君
業務經理　羅越華
總 編 輯　林小鈴
發 行 人　何飛鵬
出　　版　原水文化
台北市民生東路二段141號8樓
電話：02-25007008　傳真：02-25027676
E-mail：H2O@cite.com.tw　Blog：http//: citeh20.pixnet.net
發　　行　英屬蓋曼群島商家庭傳媒股份有限公司城邦分公司
台北市中山區民生東路二段 141 號 2 樓
書虫客服服務專線：02-25007718・02-25007719
24 小時傳真服務：02-25001990・02-25001991
服務時間：週一至週五09:30-12:00 ・ 13:30-17:00
郵撥帳號：19863813　戶名：書虫股份有限公司
讀者服務信箱 email：service@readingclub.com.tw
香港發行所　城邦（香港）出版集團有限公司
地址：香港灣仔駱克道 193 號東超商業中心 1 樓
email：hkcite@biznetvigator.com
電話：(852)25086231　傳真：(852) 25789337
馬新發行所　城邦（馬新）出版集團
Cite (M) Sdn Bhd 41, Jalan Radin Anum,
Bandar Baru Sri Petaling, 57000 Kuala Lumpur, Malaysia.
電話：（603）90563833　傳真：（603）90576622　電郵：services@cite.my

美術設計　張哲榮
內頁插畫　盧宏烈
特約攝影　徐榕志（子宇影像有限公司）
動作指導　黃依萍
妝髮造型　李梅燕、陳雅君、彭玉惠
攝影示範　林海兒、莫宇潔、楊穎欣
製版印刷　科億資訊科技有限公司
初　　版　2016年10月20日
二版一刷　2019年4月23日
三版一刷　2023年3月9日
定　　價　580元

ISBN　978-626-7268-12-4（平裝）
ISBN　978-626-7268-13-1（EPUB）
有著作權・翻印必究（缺頁或破損請寄回更換）

城邦讀書花園
www.cite.com.tw

國家圖書館出版品預行編目（CIP）資料

（全彩圖解）神奇的撥筋美容&養生法〔美力實踐暢銷版〕/蕭采榮著. -- 三版. -- 臺北市：原水文化出版：英屬蓋曼群島商家庭傳媒股份有限公司城邦分公司發行, 2023.03
面；　公分. --（舒活家系列；38Y）
ISBN 978-626-7268-12-4（平裝）

1.CST: 美容 2.CST: 按摩 3.CST: 穴位療法

425　　112000957

讀者回函

HD2038Y

親愛的讀者你好：

為了讓我們更了解你們對本書的想法，請務必幫忙填寫以下的意見表，好讓我們能針對各位的意見及問題，做出有效的回應。

填好意見表之後，你可以剪下或是影印下來，寄到台北市民生東路二段141號8樓，或是傳真到02-2502-7676。若有任何建議，也可上原水部落格http://citeh2o.pixnet.net留言。

本社對您的基本資料將予以保密，敬請放心填寫。

姓名：________ 性別：□女 □男

電話：________ 傳真：________

E-mail：________

聯絡地址：________

服務單位：

年齡：□18歲以下 □18~25歲 □26~30歲 □31~35歲 □36~40歲 □41~45歲 □46~50歲 □51歲以上

學歷：□國小 □國中 □高中職 □大專/大學 □碩士 □博士

職業：□學生 □軍公教 □製造業 □營造業 □服務業 □金融貿易 □資訊業 □自由業 □其他________

個人年收入：□24萬以下 □25~30萬 □31~36萬 □37~42萬 □43~48萬 □49~54萬 □55~60萬 □61~84萬 □85~100萬 □100萬以上

購書地點：□便利商店 □書店 □其他________

購書資訊來源：□逛書店／便利商店 □報章雜誌／書籍介紹 □親友介紹 □透過網際網路 □其他________

其他希望得知的資訊：（可複選）
□男性健康 □女性健康 □兒童健康 □成人慢性病 □家庭醫藥 □傳統醫學 □有益身心的運動 □有益身心的食物 □美體、美髮、美膚 □情緒壓力紓解 □其他________

你對本書的整體意見：

請沿虛線剪下後對摺裝訂寄回，謝謝！

請沿虛線剪下後對摺裝訂寄回，謝謝！

廣告回信
北區郵政管理局登記證
北台字第10158號
免貼郵票

城邦出版集團 **原水文化事業部 收**

104 台北市民生東路二段141號8樓

〔美力實踐暢銷版〕

神奇的橫膈膜美容&養生法

全彩圖解

HD2038Y

撥筋

撥肋